JN233034

環境学概論（第2版）

岡本眞一　市川陽一　編著

産業図書

第2版発行にあたって

　本書の初版は1996年に出版され，昨年度までに5刷を重ねました．

　近年，環境問題をめぐる世界的な動きは大変に速く，初版の内容のままでは不適切な点も多々見られるようになった．このため，国際情勢の変化や科学技術の進歩に対応した最新の情報をお届けしたいと考えて，今回，このテキストを改訂することとした．初版出版以降，今日までの変化の中で，最も注目すべき点は，①環境影響評価法の成立，②ISO環境規格の普及などの企業の環境配慮，③温暖化防止など地球環境問題についての国際的協調，などであろう．このため，初版テキストでの「環境保全と環境政策」，「企業経営と環境対策」，「地球環境問題」の章をそれぞれ2つにわけて，内容を充実させた．さらに，環境中の化学物質のリスクへの関心の高まりに対応して，「環境リスク」の章を新たに付け加えた．その他については，おおむね初版の章立てを踏襲したが，内容についてはすべて最新のものに書き改めることとした．原則として，各章の著者は初版でお願いした先生としたが，今回は新たに東京情報大学の林正康先生と産業技術総合研究所の前田高尚先生にも一部の執筆をお願いすることとした．また，最後になりましたが，編集などで親切に対応していただいた産業図書㈱の鈴木正昭様に深く感謝申し上げます．

2005年5月31日

著者を代表して，東京情報大学
岡本眞一

　なお，各章の執筆分担は以下のとおりである．

岡本眞一	1, 9, 13, 15, 16章
市川陽一	7, 8, 11, 18, 20章
長沢伸也	2, 3, 5, 12, 17章
林　正康	4, 10, 14章
前田高尚	6, 19章

まえがき

　近年，私たちの周囲のさまざまなところで環境という言葉を耳にするようになった．科学技術や生産手段の進歩によって，私たちの生活水準が向上し，それとともに以前は無限の存在であった地球上の大気や水も有限であることを認識せざるを得ない状況になりつつある．すなわち，空気や目の前の景色のようにコスト計算には無関係であった環境の要素についても，その価値を考える必要性が高まり，環境問題は人類共通の最重要課題の一つであると考えられるようになった．

　かつて公害と呼ばれた特定の工場の周辺での大気汚染や水質汚濁はかなりの程度改善されてきたが，都市内の道路沿道での大気汚染や鉄道，航空機等による騒音，振動など今後に解決を残している課題も多い．また，生活系廃棄物や公共の場所での喫煙など私たち自身のライフスタイルについても考える必要がある．このように，環境問題は時代とともにその内容も変化している．

　本書では，このような環境に関する全般的な事項について幅広く概論的に述べてみたい．とくに，私たちの周囲の室内の空気汚染から，成層圏オゾン破壊や酸性雨のような地球規模の大気汚染まで，幅広く包括する大気の問題に焦点を当てて解説する．本書はこのような環境学に関心をもつ学生および社会人のための入門書として，執筆したものである．

　本書の執筆分担としては岡本が1, 2, 4, 6.3, 6.4, 8, 9, 11.4, 12~14章，市川が6.1, 6.2, 7, 10, 15~16章，長沢が3, 5, 11.1~11.3の各章を担当した．また，粗雑な原稿から編集，校正にご苦労をかけた産業図書㈱の森泉政広氏に感謝いたします．

1995年12月

著　者

目　　次

まえがき

第1章　環境とは何か……………………………………………………1
1.1　環境……………………………………………………………………1
1.2　環境問題………………………………………………………………2
1.3　公害と環境問題………………………………………………………3

第2章　公害，大気汚染の歴史…………………………………………5
2.1　大気汚染を巡る世界の動向…………………………………………5
2.2　わが国の公害史………………………………………………………8
2.3　地球環境問題の登場…………………………………………………9

第3章　大気汚染の現状…………………………………………………11
3.1　環境基準………………………………………………………………11
3.2　環境基準による大気汚染の評価……………………………………12
3.3　汚染物質別の大気汚染の状況………………………………………14

第4章　大気の組成と大気層の構造……………………………………21
4.1　地球大気の組成………………………………………………………21
4.2　大気の構造……………………………………………………………23
4.3　気候区分………………………………………………………………28

第5章　大気汚染の影響…………………………………………………29
5.1　人体への影響…………………………………………………………29
5.2　植物への影響…………………………………………………………34
5.3　建造物・文化財などへの影響………………………………………37

第6章 環境リスクと環境毒性 ……………………………… 39
- 6.1 環境リスク ……………………………………………… 39
- 6.2 化学物質による環境汚染 ……………………………… 41
- 6.3 ダイオキシン問題 ……………………………………… 42
- 6.4 化学物質の管理 ………………………………………… 44

第7章 工業と大気汚染物質の発生 ……………………… 47
- 7.1 燃焼 ……………………………………………………… 47
- 7.2 発電所 …………………………………………………… 52
- 7.3 製鉄所 …………………………………………………… 54
- 7.4 製油所 …………………………………………………… 56
- 7.5 ごみ焼却施設 …………………………………………… 57

第8章 環境対策技術 ………………………………………… 61
- 8.1 工程内処理と排煙処理 ………………………………… 61
- 8.2 集じん技術 ……………………………………………… 62
- 8.3 脱硫技術 ………………………………………………… 65
- 8.4 低NO_x燃焼技術，脱硝技術 ………………………… 68

第9章 自動車と大気汚染 …………………………………… 73
- 9.1 ガソリン車 ……………………………………………… 73
- 9.2 ディーゼル車 …………………………………………… 74
- 9.3 自動車交通と大気汚染 ………………………………… 75
- 9.4 自動車排出ガス低減対策 ……………………………… 77

第10章 大気環境の計測技術 ……………………………… 83
- 10.1 ガス状大気汚染物質 ………………………………… 83
- 10.2 浮遊粒子状物質 ……………………………………… 84
- 10.3 リモートセンシング ………………………………… 85
- 10.4 大気環境モニタリング・システム ………………… 87

第11章　大気汚染気象と煙の拡散 …………………… 91
11.1　気象学の基礎 ………………………………………… 91
11.2　煙の拡散 ……………………………………………… 96
11.3　大気汚染物質の濃度予測の方法 …………………… 98

第12章　環境関係法令 ……………………………………109
12.1　わが国の環境関係法令の変遷と概要 ………………109
12.2　環境基本法 ……………………………………………113
12.3　循環型社会形成のための法制度 ……………………115

第13章　環境保全と環境政策 ……………………………117
13.1　環境規制 ………………………………………………117
13.2　環境基準と排出規制 …………………………………119
13.3　都市計画と環境保全 …………………………………121
13.4　わが国の環境行政組織と環境予算 …………………122

第14章　環境アセスメント ………………………………125
14.1　環境アセスメントとは ………………………………125
14.2　環境アセスメントの歴史 ……………………………126
14.3　わが国の環境影響評価制度 …………………………126
14.4　環境影響の予測手法 …………………………………129

第15章　環境経済 …………………………………………131
15.1　環境問題の経済的側面 ………………………………131
15.2　環境の費用と汚染者負担の原則 ……………………133
15.3　環境政策の経済的側面 ………………………………135
15.4　環境問題と貿易 ………………………………………137

第16章　企業の環境配慮 …………………………………141
16.1　環境問題を巡る企業環境 ……………………………141
16.2　環境マネジメントシステム …………………………144

 16.3 環境マーケティング ……………………………………… 146
 16.4 ゼロエミッションと拡大生産者責任 …………………… 148
 16.5 社会との関わり・環境コミュニケーション …………… 149

第17章　製品の環境配慮 …………………………………… 153
 17.1 環境配慮設計 ……………………………………………… 153
 17.2 製品の環境影響評価 ……………………………………… 154
 17.3 サービサイジング ………………………………………… 156
 17.4 製品中の有害物質削減 …………………………………… 156
 17.5 環境ラベル ………………………………………………… 159
 17.6 リサイクル関連法制への対応 …………………………… 160

第18章　地球環境問題（1） ………………………………… 163
 18.1 環境問題の悪循環 ………………………………………… 163
 18.2 環境の南北問題 …………………………………………… 166
 18.3 環境外交 …………………………………………………… 167
 18.4 環境の「つけ」論 ………………………………………… 170

第19章　地球環境問題（2） ………………………………… 173
 19.1 酸性雨 ……………………………………………………… 173
 19.2 オゾン層の破壊 …………………………………………… 178
 19.3 温暖化と気候変動 ………………………………………… 181

第20章　エネルギー問題と地球環境 ……………………… 189
 20.1 将来のエネルギーと環境問題 …………………………… 190
 20.2 エネルギーの効率的利用 ………………………………… 191
 20.3 二酸化炭素の排出を抑えるエネルギー関連技術 ……… 192
 20.4 環境問題への取り組み姿勢 ……………………………… 198

索　引 …………………………………………………………… 201

第 1 章

環境とは何か

近年,地球環境問題という言葉をよく耳にするが,地球環境とは何か.私たちの身の回りの空気や水の汚染などかつて公害問題と考えられていた環境とはどこが違うのか.このような環境に関するさまざまな問題について,ここで考えてみよう.

1.1 環 境

環境とは何か? 私たちは日常の会話の中でも環境ということばをよく使っているが,あらためて「環境とは」と問われると答に窮することもある.国語辞典を引くと「取り囲んでいる周りの世界.人間や生物の周囲にあって,その意識や行動に何らかの作用を及ぼすもの.また,その外界の状態」(三省堂・大辞林)と述べられている.

一方,学問的に「環境」という概念を確立したのは,自然科学の分野であり,今日私たちが考えている「環境」という"考え"を明確に把えたのは地理学(自然地理学)および生物学(生態学)の分野であろう.この分野では,「自然地理学の祖」と呼ばれたフンボルトおよびその後継者であるラッシェルの功績が大きい.また,イギリスの生物学者タンズリーは自然界における生物間で相互作用を及ぼし合っている系を生態系(ecosystem)と呼んだ.すなわち,「生物は周囲の環境とも熱や光などのエネルギーや化学物質などによって密接に結ばれていて,環境によって全ての生物活動が規制されているのみではなく,逆

に周囲の環境に対しても影響を及ぼしている.」と説明している[1].

その後,社会科学,人文科学の分野でもさまざまな環境の定義が試みられているが,その多くは「地球環境」,「都市環境」というようにその周囲を限定することにより,その考えが明確になる場合もある.また,自然の生態系が良好に保存されているような場合に「よい環境である」というが,これは自然的環境である.また,犯罪が多発して治安が悪い場合に「環境が悪い」というが,これは社会的環境である.

「環境」ということばは周囲や外界を意味しているので,議論を始める前にその中心に存在する主体を明確にすることが必要である.したがって,主体が変化すれば,当然に環境の意味も変わってくる.多くの場合この主体としては「自分」,「自分と共通の利害関係者」,「自分と同じ地域に住んでいる人々」または「自分を含む人類すべて」と考えられる.そしてこれから考える地球環境の問題においては,主体は人類全体と考えてよいであろう.

以上の議論から,環境とは「何らかの主体を想定して,その周囲あるいは周囲の状況である.」と考えることもできる.

1.2　環境問題

人類が地球上に登場してから,今日に至る長い歴史の中で考えれば,その大部分においては厳しい自然環境に対してどのように立ち向ってゆくかという課題が重要であり,どのように自然環境と調和していくかと考えるようになったのは最近の100年間ぐらいであろう.すなわち,人類が地上に登場してから18世紀までは人間が周囲の環境に与える負荷は自然の浄化能力と比較すれば,無視できるものであったと考えることができる.例えば,酸性雨は「降雨が大気中の水溶性成分を洗い流してくれること」の証明であり,天然の洗浄装置の排水であると考えることもできる.硫黄酸化物(SO_x),窒素酸化物(NO_x)はともに酸性雨の原因物質であり,化石燃料の燃焼によって大気中に放出されているが,それとほぼ同量が自然界の発生源(火山,バクテリアの働き,雷の放電などによる発生)からも放出されている.これらのSO_xやNO_xは雨水により硫酸イオン,硝酸イオンとして地表の生態系に栄養分を供給していた.す

なわち地球を取り囲む大気層は絶妙な物質循環の機能をもつシステム（地球システム）であると考えることもできる.

そして，最近の急速な科学技術の発展は人類に多大な恩恵をもたらしたが，同時に周囲の環境に与える負荷は地球システムの浄化能力の限界を越えてしまうこととなった.

この地球の有限性に対して初めて，警鐘をならしたのがローマクラブの名著「成長の限界」である. ここでは，地球の姿を次に示す5つの変数で記述して，数学モデルにより将来の状況を予測している[2].

(1) 人口
(2) 工業化
(3) 汚染
(4) 食糧生産
(5) 資源の使用

この予測結果より，急速な人口増加や工業化は汚染の増大をもたらし，将来すべての変数が減少に転ずる時期が来ることを予言した. そして，この結果が後に持続可能な開発（sustainable development）などの新しいコンセプトが提示される契機となった.

1.3 公害と環境問題

大気汚染や水質汚濁など不特定多数の人々が迷惑をこうむることを「公害」と呼ぶが，ある意味で公害問題は環境問題に近似的に等しいと見ることもできる. しかし，ここでは，主体とその周囲との係り合い，すなわち環境に関する問題の中には，主体にとって不都合な問題（公害）のみではなく，主体にとって快適な環境の問題（アメニティー）も含まれているはずであり，環境問題は古典的な公害問題としての環境よりは広い意味に解釈したい.

かつて，地球を取り巻く大気や海洋の水の量が無限に大きな存在であった時代，煙を大気中へ放出することや廃棄物を海洋へ投棄することは不要物の最終処分として妥当であり，自然のもつ浄化機能によって十分に補償されていた. しかし，科学技術の進歩と工業生産規模の拡大によって，もはや地球上の空気

や水は無限の存在ではなく，有限なものとして考えざるを得ない状況となっている．

ここで，公害とは不特定多数の人が迷惑または損害を受けている現象をいい，英語の public nuisance から派生した言葉であるといわれている．わが国では昭和42（1967）年に制定された公害対策基本法によって，①大気汚染，②水質汚濁，③土壌汚染，④騒音，⑤振動，⑥地盤沈下，⑦悪臭の7つを取り上げ，これらによって人の健康や生活環境に係る被害を生ずることを公害というと定義している．この意味からすれば，公害は環境汚染と考えることもできる．

ここでの環境問題は多くの場合，主体としての人間にとっての都合を重視した考え方である．人類が生活する地表近くの大気中でのオゾン濃度が上昇することは光化学スモッグと呼び，重大な大気汚染である．そして，その原因物質である窒素酸化物や炭化水素の排出を抑制している．しかし，同じオゾンが成層圏で生成されることには何ら不都合はなく，成層圏のオゾンを消滅させる物質（フロン類）を放出することが地球環境を汚染していることになる．

また，車内やトイレ内に芳香剤を置くことがあるが，これらの芳香剤を不快に感じる人や化学物質過敏症の人にとっては，これも大気汚染物質と見なされることになるであろう．このように公害や環境問題についての厳密な定義は難しく，環境とは，主体とその周囲との係り合いを通じて理解することが大切である．

参 考 文 献

1) 河村武，岩城英夫編：環境科学Ⅰ　自然環境系，朝倉書店（1988）
2) D.H.メドウズ他著，大来佐武郎監訳：成長の限界，ダイヤモンド社（1972）

第2章

公害，大気汚染の歴史

　人類は火の発見，道具の使用，農業革命，産業革命と幾度かの革命的な発見・発明を繰り返し，発展し続けた．環境問題はすでに農業革命のころから森林伐採などによる草原化，砂漠化が発生していたが，限定的であり地球全体の生態系の存続にかかわるほどのものではなかった．

　環境問題の様相が一変したのは，18世紀にイギリスで起こった産業革命である．産業の発達とともに蒸気機関の燃料となる石炭の消費量は飛躍的に増大し，それによって，大気汚染が進行した．このころからロンドンは濃煙霧（スモッグ）に悩まされるようになり，スモッグに包まれたその光景は以後ロンドンの街を語るときに欠かせない風物詩となっていくのである．しかし，大気汚染による被害は深刻であり，工場からのばい煙により呼吸器疾患を訴える人が続出し，過剰死亡者数の急増などで大きな社会問題となった．

　20世紀に入って大気汚染は自動車の排出ガスによる光化学スモッグなど，ますます広域化，多様化していった．さらに，1980年代後半以降，フロン，CO_2排出の増加による全地球規模の大気汚染が進行した．

2.1　大気汚染を巡る世界の動向

　多くの人々が集まり，調理，暖房，採光などのために火を用いるようになると当然のこととして大気中にばい煙が排出され，気象条件によっては町の中に煙が充満するような事態が生ずることもある．このような初期の大気汚染はす

でに中世のヨーロッパの各都市では，かなり日常的に見られるようになっていた．13世紀にはロンドン市内で「石炭使用禁止令」が出されたが，実際は有名無実であった[1]．

ヨーロッパでは，18世紀に産業革命が起こり，産業の発達とともに石炭の消費量は飛躍的に増大し，大気の汚染も進行した．とくに晩秋から初冬に霧が発生し易い（風が弱く穏やかな日が多い）ロンドンではしばしば濃煙霧に悩まされた記録が残っている．この時代に煙（smoke）と霧（fog）の合成語としてスモッグ（smog：煙霧）ということばが作られた．このような工業や家庭暖房などの複合汚染がロンドンのスモッグであるが，ベルギーのミューズ渓谷沿いやアメリカのドノラ（谷に沿って工場が密集している）では風のない穏やかな日が続いた数日間に，工場からのばい煙により呼吸器疾患を訴える人が続出し，過剰死亡者数の急増などで大きな社会問題となった．

過去の大気汚染に関係する事件としては，1952年12月に起きたロンドンのスモッグ事件が有名であり，1960年代後半にはアメリカ，西ヨーロッパ，日本など多くの先進国の大都市で都市特有の大気汚染の被害が生じている．さらに，1950年頃より，ロサンゼルスでは，自動車や工場から排出される窒素酸化物や炭化水素が大気中で反応して新たな大気汚染物質（オゾンなど）を生ずる新しいタイプの大気汚染による被害が見られるようになった．このような都市域（大都市，工業都市）での大気汚染に関係する事件を表2-1に示す．

1970年代以降，先進国の多くの都市では大気汚染は急速に改善されてきたが，多くの開発途上国の都市で大気汚染の被害が目立つようになり，1980年

表2-1　都市域（大都市，工業都市）での大気汚染に関係する事件

発生地	時期	原因物質	地形条件・気象条件	発生源	被害
ミューズ（ベルギー）	1930年12月	SO_2，粉じん等	谷間・高気圧圏内	工場群	呼吸器疾患，死亡者数増加
ドノラ（アメリカ）	1948年10月	SO_2，粉じん等	〃	工場群	〃
ロンドン（イギリス）	1952年12月	SO_2，粉じん等	〃	工場，家庭暖房等	〃
ロサンゼルス（アメリカ）	1951年以降	光化学オキシダント（オゾン等）	〃	自動車，工場	目，呼吸器への刺激，障害

表2-2 事故による大気汚染に関係する事件[2-5)]

発生地	時期	原因物質	発生源	被害
ポサリカ（メキシコ）	1950年11月	硫化水素	天然ガス処理工場	死亡22，患者300
セベソ（イタリア）	1976年7月	ダイオキシン	化学工場	重度火傷400以上，先天性異常児出産
ボパール（インド）	1984年12月	メチル・イソシアネート	農薬工場	死亡3300 後遺症200,000
チェルノブイリ（旧ソ連）	1986年4月	放射性物質	原子力発電所	死亡28（75日以内），避難100,000以上

代にはメキシコ市，上海市，アンカラ市などでは1960年代の東京やニューヨークを上回る大気汚染レベルに達していた．また，都市型の大気汚染災害が減少するに反比例して有害化学物質の生産，貯蔵，輸送中の事故に伴う大気汚染災害が増加しており，1970年代後半以降ではSO_2，NO_xなどの大気汚染物質よりも有害大気汚染物質のリスクが増大している．このような事故例を表2-2に示す．

このような大気汚染による災害と対策の関係は「事故が起こると信号機が設置される交差点」とよく似ている．過去の大気汚染を巡る規制法令や条約は大部分がそれ以前の災害を教訓として制定されている．そして，被害の規模が大きく影響力の大きな地域で起こった事件であるほど，その後により厳しい法令が作られていることがわかる．このような事例を表2-3に示す．

表2-3 環境問題としての事件とその後の規制法令等

事件		規制法令等	
1952年	ロンドン・スモッグ事件	1956年	大気浄化法（英）
1971〜73年	4大公害事件	1973年	公害健康被害補償法（日）
1978年	ラブ運河事件	1980年	包括的環境対処・補償・責任法（スーパーファンド法）（アメリカ）
1976年	セベソ事件	1982年	EC指令（重大産業事故に関する指令）
1988年	ギニア事件 ココ事件（カリンB号事件） キーアン・シー号事件	1989年	有害廃棄物の越境移動とその処理に関するバーゼル条約

2.2 わが国の公害史

わが国において環境問題の歴史を見ると，明治期以前に国の主要産業に成長していた銅鉱山に関連した被害事例を見出すことができる．明治時代に入ると，これらの鉱山での生産規模は急速に拡大し，鉱山からの排水（金属イオン含有）や精錬に伴う排煙（高濃度の SO_2 を含む）による被害もそれとともに大きくなっていった[6]．このような鉱害事件の概要を表2-4に示す．

その後，産業の発達とともに，多くの工場地帯や大阪などの大都市でばい煙による被害に悩ませられることになるが，環境問題が社会問題として"クローズアップ"されることになるのは，第2次大戦後の産業が急速に復旧した1960年代である．このうちのいくつかは被害者が発生源企業を被告として裁判に訴えた．これらの事件は"4大公害裁判事件"と呼ばれ，1971〜1973年に全て原告勝訴で結審している（表2-5参照）．

わが国は国内に十分なエネルギー資源をもたず，多くを海外に依存している

表2-4 4大鉱害事件

鉱　山	被害発生時期	被　害	対策等
足尾鉱山	1890〜1907	鉱毒（洪水），煙害	遊水池設置（谷中村廃村）
別子鉱山	1893〜1910	煙害，鉱毒	精錬所移転（四阪島），調停
小坂鉱山	1902〜1926	煙害，鉱毒	調停（賠償等）
日立鉱山	1907〜1914	煙害	高煙突立替

表2-5 4大公害裁判事件

事　件	発生時期	地　域	原因物質	発生源（被告）	裁　判
水　俣　病	1953年〜	不知火海沿岸（熊本，鹿児島）	有機水銀	チッソ（旧新日本窒素）・水俣工場	1973.3 原告勝訴
新潟水俣病	1963年〜	阿賀野川流域（新潟）	有機水銀	昭和電工・鹿瀬工場	1971.9 原告勝訴
イタイイタイ病	大正初期〜	神通川流域（富山）	カドミウム	三井金属・神岡工業所	1972.8 原告勝訴
四日市・大気汚染	1961年〜	四日市市（三重）	SO_2 など	昭和四日市石油など6社	1972.7 原告勝訴

ため，その時々の技術の進歩や経済性の観点から最適なエネルギー種へ変換することが他の多くの先進国よりも容易であった．このため，エネルギー構造の変化に伴う大気汚染のタイプについても特徴的な現象が表れている．

　1950年代：粉じん　　　　　石炭の時代，東京，大阪などの濃煙霧（スモッグ）
　1960年代：SO_2　　　　　　石油の時代，四日市，川崎の大気汚染事件
　1970年代：CO, Pb, Ox　　　モータリゼーション，脱硫技術の進歩
　1980年代：NOx　　　　　　自動車（ガソリン車）の低公害化
　1990年代：フロン，CO_2　　地球環境の時代

このように，1950年代以降について，10年間隔程度に区切ってみると，その時代に最も注目された大気汚染物質が変化してきていることがわかる．

2.3　地球環境問題の登場

　1970年代までは多くの人々にとって，環境影響のない安全な物質であると思われていたフロンやCO_2，N_2Oなど（一般の大気環境中での濃度レベルにおいては生物に無害）についても，成層圏オゾンの破壊，地球温暖化の原因物質として，1990年代においては地球全体の大気環境を考える場合の最重要物質の1つに取り上げられている．ここで，地球温暖化，酸性雨，オゾン層破壊の3テーマはすべて地球を取り巻く大気中の成分の変化によってもたらされる現象であり，地球規模の大気汚染であるともいえる．

　このような地球環境問題はすでに1970年代に入って，研究者から問題が指摘されていた．1974年にはアメリカのローランドとモリーナは人畜無害で可燃性のない「夢の物質」と言われていた人工化学物質のフロンのオゾン層に対する影響を科学雑誌『ネイチャー』に発表し，その危険性を指摘した．そして，1987年に「モントリオール議定書会議」によって，先進国のフロンの生産を2000年までに全廃することが決まったが，その後改訂され，95年末をもって全廃されることとなった．また，地球温暖化などについても，表2-6に示すように，国際協調が進んでいる[7]．なお，このような問題は18章，19章で取り上げることにする．

　かつての公害のような地域的で短期的な問題の場合とは異なり，さらに加害

表2-6 地球環境問題の推移

年月	内容
1972年 3月	ローマクラブ「成長の限界」を発表
6月	国連人間環境会議(ストックホルム)
12月	国連環境計画(UNEP)発足
1979年	長距離越境大気汚染(LRTAP)条約採択(1983年発効)
	(1995年末現在で40の国及び機関が批准している)
1982年 6月	UNEP管理理事会議特別会合(ナイロビ会議)
1985年 3月	オゾン層の保護に関するウィーン条約
1987年 4月	国連ブルントラント委員会,「持続可能な発展」を提言
9月	オゾン層破壊物質に関するモントリオール議定書
1988年11月	気候変動に関する政府間パネル(IPCC)発足
1992年 5月	有害廃棄物越境移動と処分の規制に関するバーゼル条約発効
6月	リオデジャネイロで「地球サミット(環境と開発に関する国連会議=UNCED)」開催,気候変動枠組み条約と生物多様性条約の署名開始,環境と開発に関するリオ宣言,アジェンダ21,森林原則声明の合意
11月	モントリオール議定書第4回締約国会議,特定フロンなど1996年の全廃前倒し決定
1994年 3月	気候変動枠組み条約発効
1995年 4月	気候変動枠組み条約第1回締約国会議(COP1,ベルリン会議)
1997年 2月	OECD環境にやさしい政府調達に関する国際会議
12月	気候変動枠組み条約第3回締約国会議(COP3,地球温暖化防止京都会議)
2005年 2月	地球温暖化防止京都議定書発効

(出所:長沢伸也著『環境にやさしいビジネス社会—自動車と廃棄物を中心に—』中央経済社,2002年,p.15,図表1-7,一部を修正)

者と被害者との明確な図式が成り立たないのが地球環境問題である.それを解決していくには一国のみならず国際間の取決めや協調関係によって,何世代にもわたる長期的な努力を必要としているのである.

参 考 文 献

1) 河村武,岩城英夫編:環境科学Ⅰ 自然環境系,朝倉書店 (1988)
2) L.R.ブラウン,松下和夫監訳:ワールドウオッチ地球白書'89~'90,ダイヤモンド社 (1989)
3) 東京海上火災保険㈱編:環境リスクと環境法・欧州編,有斐閣 (1992)
4) OECD環境委員会,環境庁地球環境部監訳:OECD環境白書 (1992)
5) Elsom, D.M.: Atmospheric Pollution 2nd ed., Blackwell Publishing (1992)
6) 日本環境学会編集委員会:環境科学への扉,有斐閣 (1984)
7) 長沢伸也:環境にやさしいビジネス社会—自動車と廃棄物を中心に—,中央経済社 (2002)

第3章

大気汚染の現状

　私たちの周囲の室内の空気汚染から，成層圏オゾン破壊や酸性雨のような地球規模の環境問題まで，幅広く包括する大気の問題のうち，とくに私たちが生活する地表近くの大気層中の成分の変化に起因する問題（大気汚染）について考えてみよう．

　そこで，本章では，まず大気汚染の現況の判断の「目安」となる環境基準とそれによる大気汚染の評価方法を述べ，次いで二酸化窒素などの現況を環境基準による評価方法に基づいて評価した結果について説明する．

3.1 環境基準

(1) 環境基準とは

　わが国の環境基準は，「公害対策基本法」において公害防止施策を総合的に実施するうえでの行政上の目標としての基準として定められており，「環境基本法」においても，その規定を引き継いでいる．すなわち，「環境基本法」第16条第1項において，「政府は，大気の汚染，水質の汚濁，土壌の汚染及び騒音に係る環境上の条件について，それぞれ，人の健康を保護し，及び生活環境を保全する上で維持されることが望ましい基準としての環境基準を定める」とされている．

　これからわかるように，わが国の環境基準は，最大許容限度や理想値ではなく，環境汚染の改善目標であり，改善命令や罰則等の強制力を伴うことはな

い．また，環境基準は，以下の地域には適用されない．
　① 工業専用地域（工業用地を含む）
　② 臨海地区（港湾法による）
　③ 道路の車道部分
　④ その他，埋立地，原野，火山地帯等通常住民の生活実態の考えられない地域，場所

つまり，環境基準は，「人の健康を保護し，及び生活環境を保全する」ためのものであるので，人が生活しているところだけに適用すればよいという考え方もできる．

(2) 日本の環境基準

二酸化硫黄，二酸化窒素，一酸化炭素，浮遊粒子状物質などの大気汚染に係る環境基準を表3-1に示す．

なお，「1時間値」とか「1日平均値」とは，測定濃度を測定時間で平均した濃度値のことである．汚染物質の平均濃度の最大値は，測定時間が長いほど小さい値になり，1時間値＞1日平均値＞月平均値＞年平均値という関係がある．例えば，二酸化硫黄の1時間値の1日平均値（24時間測定値の平均）が0.04 ppm以下の条件に対し，ピークの1時間値が0.1 ppm以下となっている．

これらの環境基準のうち，二酸化窒素に係る環境基準は，1973年に「1時間値の1日平均値が0.02 ppm以下であること」と定められたが，1978年に環境庁告示をもって「1時間値の1日平均値が0.04 ppmから0.06 ppmまでのゾーン内又はそれ以下であること」と改定された．すなわち，実質的には「1時間値の1日平均値が0.06 ppm以下であること」と何ら変わらないものに緩められたといえる[1]．

3.2　環境基準による大気汚染の評価

(1) 環境基準による大気汚染の評価

環境基準による環境濃度の評価の考え方は，1973年の環境庁大気保全局長

3.2 環境基準による大気汚染の評価

表3-1 大気汚染に係る環境基準

物　質	設定年	環境基準
二酸化硫黄	1973年5月閣議了解 （1969年閣議決定は廃止）	1時間値の1日平均値が0.04 ppm以下であり，かつ，1時間値が0.1 ppm以下であること
二酸化窒素	1978年7月環境庁告示 （1973年制定は廃止）	1時間値の1日平均値が0.04 ppmから0.06 ppmまでのゾーン内又はそれ以下であること
一酸化炭素	1970年2月閣議決定	1時間値の1日平均値が10 ppm以下であり，かつ，1時間値の8時間平均値が20 ppm以下であること
浮遊粒子状物質	1972年1月告示	1時間の1日平均値が0.10 mg/m^{3}以下であり，かつ1時間値が0.20 mg/m^{3}以下であること
光化学オキシダント	1973年5月制定	1時間値が0.06 ppm以下であること
ベンゼン	1997年2月公示	1年平均値が0.003 mg/m^{3}以下であること
トリクロロエチレン	同上	1年平均値が0.2 mg/m^{3}以下であること
テトラクロロエチレン	同上	1年平均値が0.2 mg/m^{3}以下であること
ジクロロメタン	2001年4月告示	1年平均値が0.15 mg/m^{3}以下であること
ダイオキシン類	1999年7月公示	1年平均値が0.6 pg-TEQ/m^{3}以下であること （TEQは，2,3,7,8-四塩化ジベンゾ-パラ-ジオキシンの毒性に換算した値）

注）重量濃度と体積濃度

　1 m^{3}の空気中に1 cm^{3}の汚染物質が含まれている状態を体積濃度で示せば10^{-6} m^3/m^{3}となり，単位は無次元である．この10^{-6}すなわち"100万分の1"をparts-per-millionの頭文字をとってppmという．したがって，10^{-6} m^3/m^{3}は1 ppmである．同様に，10^{-9}すなわち"10億分の1"のことをppb, 10^{-12}をpptという．また，空気中に含まれている成分を，体積表示ではなく重量で表すこともできる．例えば，1 m^{3}の空気中に汚染物質が1 μg含まれている状態は1 μg/m^{3}である．SO$_2$の場合，0 ℃，1気圧では22.4 cm^{3}が64 mgであるから，22.4 ppmが64 mg/m^{3}となる．ガス状汚染物質では重量濃度と体積濃度は互いに換算できる．

通知により，以下のような短期的評価および長期的評価が明らかにされている[2])．

① 短期的評価

　二酸化硫黄等の大気汚染の状態を環境基準に照らして短期的に評価する場合は，連続してまたは随時に行った測定結果により，測定を行った日または時間についてその評価を行う．

② 長期的評価

　本環境基準による評価は，年間にわたる測定結果を長期的に観察したうえで行うことが必要である．しかし，現在の測定体制においては測定精度に限界があることなどにより，測定値の高い方から2％の範囲内にあるもの（365日分

の測定値がある場合は7日分の測定値）を除外して評価を行う（この値のことを「1日平均値の年間98％値」という）．ただし，1日平均値につき環境基準を超える日が2日以上連続した場合は，このような取り扱いは行わない．

(2) 大気環境測定局の分類

大気環境測定局は，住宅地などの一般環境に設置されている一般環境大気測定局と道路沿道に沿って設置されている自動車排出ガス測定局に分類される．ただし，実際の測定局の中には，必ずしもこれらの分類が適合しないと思われるものもある．さらに，環境基準の適合状況は欠測が少ない有効測定局に関してのみ検討される．

3.3 汚染物質別の大気汚染の状況

本節では，環境基準が定められている大気汚染物質について，それぞれの特徴，発生源，全国に設置されている大気汚染常時監視測定局のデータにより大気汚染状況を見る[3)]．なお，概要をまとめて表3-2に示す．

表3-2 大気汚染物質の発生源と環境基準の達成状況（2003年度）

物　質	発生源	長期的評価		短期的評価		
二酸化硫黄	燃料中の硫黄の燃焼	一般局	99.7％	一般局	1日平均値	99.6％
		自排局	100％		1時間値	90.9％
				自排局	1日平均値	100％
					1時間値	88.0％
二酸化窒素	物の燃焼により発生	一般局	99.9％			
		自排局	85.7％			
一酸化炭素	不完全燃焼により発生	一般局	100％	一般局	100％	
		自排局	100％	自排局	100％	
浮遊粒子状物質	物の燃焼や巻き上げ	一般局	92.8％	一般局	1日平均値	71.8％
		自排局	77.2％		1時間値	64.5％
				自排局	1日平均値	53.6％
					1時間値	54.9％
光化学オキシダント	光化学反応により発生			一般局		0.1％
				自排局		7.4％

（達成状況のデータ出所：環境省環境管理局編『平成16年版日本の大気汚染状況』ぎょうせい，2005年）

3.3 汚染物質別の大気汚染の状況

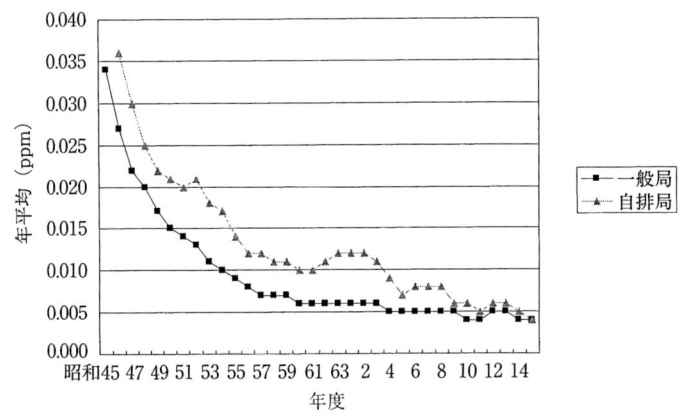

図3-1 二酸化硫黄年平均値の単純平均値の年度別推移
（データ出所：環境省『大気汚染状況について』，http://www.env.go.jp/air/osen/index.html（2005））

(1) **二酸化硫黄**

物 質：二酸化硫黄は化学式 SO_2 で表され，亜硫酸ガスともいう．

硫黄酸化物（SOx）としては，SO, S_2O_3, SO_2, SO_3, S_2O_7, SO_4 の6種の酸化物が知られているが，硫黄を含んだ化石燃料（石油や石炭）の燃焼により発生する硫黄酸化物は SO_2 と SO_3（三酸化硫黄，無水硫酸ともいう）であり，その大部分は SO_2 である．

発生源：二酸化硫黄（SO_2）を主体とする硫黄酸化物（SOx）は，硫黄を含んだ化石燃料の燃焼により発生する．日本では工場等における重油の燃焼によって発生するものがほとんどであり，エネルギー源の相当部分を重油に依存する日本にあっては，真っ先に重点的対策が講じられてきた大気汚染物質である．

現　況：二酸化硫黄の全測定局での年度別単純平均値を示したものが図3-1である．これより，測定が開始された1960年代後半より年々濃度が低下してきており，1990年代後半ではピーク時の7分の1以下になっていることがわかる．

二酸化硫黄の環境基準の適合状況は，長期的評価では高い水準を維持しているといえるが，短期的評価では三宅島の火山活動が2000，2001年度の環境基準の達成率を低下させている．

(2) 二酸化窒素

物　質：二酸化窒素は化学式 NO_2 で表される．

窒素酸化物（NOx）としては，NO，N_2O，NO_2，N_2O_3，N_2O_5 などがあるが，燃焼に伴って発生する窒素酸化物の大部分は NO（一酸化窒素）であり，大気中に放出されると空気中の O_3 などと反応して NO_2 に酸化される．窒素酸化物の毒性の主原因物質は NO_2 であり，また光化学オキシダントの原因物質の1つとなっている．このため，環境基準も NO_2 について定められている．

発生源：一酸化窒素を主体とする窒素酸化物は，石油，ガスなど物の燃焼に伴って必然的に発生する．その大口の排出源は，自動車などの移動発生源，および工場のボイラーなどの固定発生源であるが，ビル・家庭の厨暖房設備からの排出も無視できず，自然界からの発生もある．

現　況：長期的評価に基づく環境基準の達成状況を見ると，一般環境大気測定局では，2000年度以降はすべて99％以上と良好である．自動車排出ガス測定局では，2003年度の達成率は85.7％（426局中365局で達成）である．非達成局は，首都圏や阪神地域などの大都市部に集中しており，「自動車 NOx・PM 法」に基づく対策地域（埼玉県，千葉県，東京都，神奈川県，愛知県，三重県，大阪府，兵庫県の一部地域）内が大半を占めている．

(3) 一酸化炭素

物　質：一酸化炭素は化学式 CO で表される．

発生源：一酸化炭素は有機物の不完全燃焼で発生するが，その大部分は自動車排出ガスによるものと考えられる．とくに都市大気中の CO は自動車排出ガスの寄与が大きい．

現　況：環境基準の適合状況は，長期的評価および短期的評価のいずれも100％に達しており，長い間にわたり高い水準を維持しているといえる．

(4) 浮遊粒子状物質

物　質：浮遊粒子状物質（suspended particulate matter，SPM）とは，大気中に浮遊する粒子状物質（浮遊粉じん，エーロゾルなど）のうち粒径が $10\,\mu m$（$1\,\mu m$ は 1,000 分の 1 mm）以下のものをいう．

一般的に，固体および液体の粒子を総称して粒子状物質と呼んでおり，その

一部はばいじん，ダスト，粉じん，ミスト（気体中に含まれる液体の粒子の総称），エーロゾル（空気の中に固体または液体の微細な粒子が散在している状態．エアロゾルともいう）と呼ばれることもあるが，法律上は定められた名称を使用することになっている（表13-1参照）．粒径が大きいために地表へ降下したものは降下ばいじんと呼ばれる．また，環境基準の設定されている粒径$10\mu m$以下の浮遊粒子状物質とそれ以外の浮遊粉じんに区別されることもある．

発生源：固定発生源（工場・事業場等）から発生する粒子状物質（PM）には，燃焼または熱源としての電気の使用に伴い発生するばいじんと，物の粉砕，選別，その他の機械的処理または堆積に伴い発生，飛散する粉じんがある．風や自動車による土の巻き上げも大きい．また，かつて積雪冷地ではスパイクタイヤによる粉じんが大きな問題であった．

現　況：環境基準の長期的評価については，1日平均値の年間98％値が$0.10\,\mathrm{mg/m^3}$以下であり，かつ，年間を通じて1日平均値が$0.10\,\mathrm{mg/m^3}$を超える日が2日以上連続しない場合を環境基準に適合するものとしている．その適合状況（図3-2）を見ると，一般環境大気測定局，自動車排出ガス測定局ともによくない．

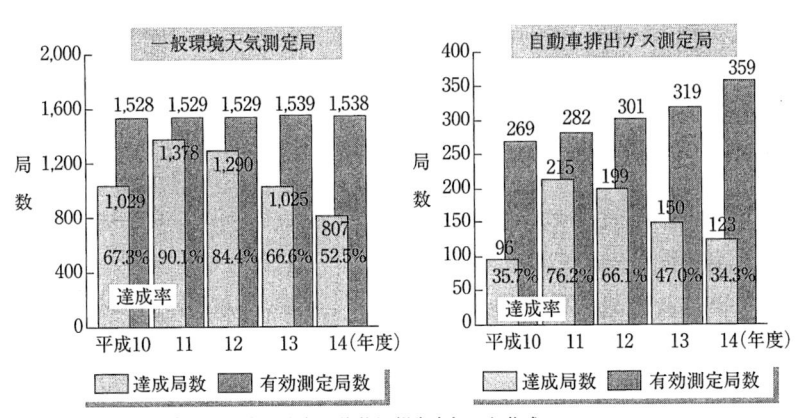

資料：環境省編『平成14年度大気汚染状況報告書』より作成
出所：環境省編『平成16年版環境白書』2004年，

図3-2　浮遊粒子状物質の環境基準達成状況の推移

(5) 光化学オキシダント

物　質：光化学オキシダントとは，オゾン（O_3），PAN（パーオキシアセチルナイトレート，$CH_3CO_2NO_3$），その他の光化学反応により生成される酸化性物質（中性ヨウ化カリウム溶液からヨウ素を遊離させるものに限り，NO_2 を除く）をいう．

窒素酸化物（NOx）と不飽和の炭化水素類（HCs）に紫外線が照射されると，光化学反応が起こり，O_3, PAN などの酸化力の強い物質が二次的に生成される．これらの総称が光化学オキシダントであり，その 90％以上は O_3 である．したがって，光化学オキシダントは，光化学大気汚染の重要な指標である．

現　況：2003 年度における光化学オキシダントの測定データは，一般環境大気測定局 1166 局，自動車排出ガス測定局 27 局で得られている．両者を合わせて，1 時間値の最高値が 0.06 ppm 以下（環境基準）であった測定局数は，わずか 3 局にすぎない．

光化学オキシダントについては，上記の環境基準のほかに，人体への急性被害が懸念される高濃度の出現頻度の把握が重要である．そして，0.12 ppm 以上で，持続する可能性が高い場合に光化学大気汚染注意報が発令される．2003 年度には延べ 108 日（うち，東京湾地域で 68 日）発令されている．

(6) 有害大気汚染物質等

2003 年度における環境省および地方公共団体等が実施した環境基準の設定されている有害大気汚染物質（ベンゼン，トリクロロエチレン，テトラクロロエチレンおよびジクロロメタン）の測定結果を表 3-3 に示す．ダイオキシン類（ポリ塩化ジベンゾ－パラ－ジオキシン（PCDD），ポリ塩化ジベンゾフラン（PCDF）およびコプラナーポリ塩化ビフェニル（コプラナー PCB））に係る測定結果を平成 17 年版環境白書（平成 15 年度ダイオキシン類に係る環境調査結果）より見ると，大気採取地点 913 地点の測定期間中の平均濃度は 0.0066〜0.72 pg-TEQ/m^3 である．この値は，年 2 回以上測定が実施された地点についての測定期間中の平均値であり，環境基準に指定されている年平均値（8760 時間）を測定している地点は 1 箇所もない．

3.3 汚染物質別の大気汚染の状況

表3-3 有害大気汚染物質，ダイオキシン類の大気中濃度の測定結果(2003年度)[3,4]

物質名	地点数	測定期間中の平均値が環境基準で定められた年平均値の値を超過した地点の割合（％）	測定期間中の平均値の最小値（$\mu g/m^3$）（＊：pg-TEQ/m^3）	測定期間中の平均値の最大値（$\mu g/m^3$）（＊：pg-TEQ/m^3）
ベンゼン	424	7.8	0.43	4.3
トリクロロエチレン	373	0	0.022	18
テトラクロロエチレン	374	0	0.024	3.1
ジクロロメタン	374	0	0.20	51
ダイオキシン類	913	0.1	＊0.0066	＊0.72

有害大気汚染物質（4物質）については月に1回以上の測定の行われた地点についての結果，ダイオキシン類については年に2回以上（夏，冬を含む）の測定の行われた地点についての結果

（出所：環境省編『平成17年版環境白書』2005年に基づいて作成）

参考文献

1) 長沢伸也：環境にやさしいビジネス社会—自動車と廃棄物を中心に—，中央経済社（2002）
2) 公害防止の技術と法規編集委員会編：四訂・公害防止の技術と法規（大気編），産業環境管理協会（1994）
3) 環境省環境管理局編：平成16年版日本の大気汚染状況，ぎょうせい（2005）
4) 環境省編：平成17年版環境白書，ぎょうせい（2005）

第 4 章

大気の組成と大気層の構造

　地球を取り巻く大気層は地球表面近くで生活している多くの生物にとって都合がよい状態に保たれている．太陽からの強い放射線は上空の酸素やオゾンにより吸収され，温室効果ガスにより適当に保温されている．このような大気の組成や構造は，地球が成立したときからのものではなく，数十億年の歴史の中で作られたものである．地質時代の古大気では二酸化炭素 CO_2 濃度が現在値の $10 \sim 100$ 倍といわれている．その後，光合成植物の出現により酸素分子が生産され，現在の状態へと変化していった[1]．CO_2 濃度の増減は気候の温暖化や寒冷化とも密接に関連して，最近の気候変動の研究においても大気の組成変化が注目されている．

4.1 地球大気の組成

(1) ガス状成分

　地球を取り囲む空気は半径約 6400 km の地球の表面から数十 km の厚さの薄い層内に大部分が存在し，その上に分布している量はごくわずかである．その総量は約 5×10^{15} t 程度である．大気の成分は体積で 78.1 % の窒素（N_2）と 20.9 % の酸素（O_2）で全体の 99 % を占めている．この組成は地表から数十 km 上空の成層圏までほぼ均一である．
　窒素と酸素以外で量的に多く含まれている成分としてはアルゴン（Ar, 0.93 %），ネオン（Ne, 18 ppm），ヘリウム（He, 5.2 ppm），クリプトン（Kr,

1.1 ppm), キセノン (Xe, 0.1 ppm) などの不活性ガスである．この他にも大気中にはさまざまな化学物質が微量成分として存在し，化学的活性があるため時間的空間的にも濃度は変動する．人体に有害な微量成分もあり，日本ではそれらの濃度を有害大気汚染物質として環境基準を設定したり，大気汚染防止法で大気への排出を規制することによって抑えようとしている．

水蒸気 (H_2O) は大気中で気体，液体，固体として存在する．そのため濃度変動の大きな成分であり，最大で4%程度に達することもあるが，非常に乾燥した空気では40 ppm (0.004 %) 程度となる．水の相変化や水循環は気象学での重要なテーマであり，生態系と降水量は密接に関連している．

CO_2は，現在350 ppm 程度であるが，温室効果ガスとして最も寄与している（第19章参照）．19世紀後半までの大気中のCO_2濃度は280 ppm 程度であったが，20世紀に入り，化石燃料の燃焼や森林伐採によりCO_2濃度は年間1ppm程度の割合で増加している（図19-4参照）．CO_2濃度は場所と季節による変動も大きく，冬季から春季に高く，夏季から秋季に低くなる．その振幅は北半球高緯度地方では10 ppm，南半球では数 ppm，南極では1〜2 ppm である．このような季節変化は植物の生長と光合成によりCO_2が吸収されるためである．海洋中には大気中の10〜100倍のCO_2が含まれている．大気中のCO_2濃度の変化に対して，大気と海洋の間のCO_2の移動が重要な役割を果たしている．

温室効果ガスとしてメタン (CH_4, 1.7 ppm)，一酸化二窒素 (N_2O, 0.3 ppm)，フロン類 (CFCs) 等がある．メタンは嫌気的な環境でメタン発酵菌が作用して発生する．自然界では湖沼の泥土，湿原であり，反芻動物や白蟻の腸内である．人為的には水田や有機物の埋め立てから発生する．天然ガスの主成分であるのでその採掘や輸送，石油，石炭の採掘に伴い大気へ漏出する．森林火災や内燃機関での不完全燃焼からも発生する．大気中のメタンは酸化されCO_2と水蒸気となる．N_2Oは自然界ではやや嫌気的条件で土壌中や海洋の微生物により生成される．人為的には燃焼過程や農業から発生する．N_2Oは対流圏では反応性が低く成層圏まで拡散する．そこでオゾンと反応するオゾン層破壊物質の一つでもある．

生活空間でのオゾン (O_3, 0.001 ppm) は酸化力が強く人体に有害である．窒素酸化物等の光化学反応から生成されるオゾンは，他の酸化力の強い物質と共に光化学オキシダントと総称される．

(2) 粒子状成分

　大気中には気体成分の他に固体成分や液体成分が浮遊している．雲は微小な水滴や氷晶である．水以外にも，さまざまな大きさや形状，化学成分の粒子が大気中に浮遊している．土ほこりや海水の飛沫から水が蒸発して残された塩の粒（海塩粒子）などの自然起源の粒子や煙突から吐き出された煙などの人為起源の粒子がある．このように空気を分散媒体として固体や液体の分散相が浮遊している系をエーロゾル（aerosol）と呼び，大気汚染の分野では浮遊粒子状物質という．

　エーロゾルには，大気中に粒子として放出された1次粒子と，二酸化硫黄や揮発性炭化水素などガス状成分として大気中に放出されたものが大気中で化学変化により粒子化した2次粒子がある．海洋から蒸発する硫化ジメチル（DMS，$(CH_3)_2S$）や硫黄酸化物は凝結核として大気中の水蒸気を吸着し，ミスト状に成り，さらに雨滴へと成長する．

　人為的に排出された浮遊粒子状物質の中には重金属類の微粒子，多環芳香族系の炭化水素，アスベストなど，それ自身で生物に対して毒性をもつものがある．地球全体の環境への影響という観点から見ると，地球規模での硫黄や窒素の循環や，粒子による太陽光線の反射や散乱などの光学的特性も重要である．

　エーロゾルは粒径が $10^{-9} \sim 10\,\mu m$ の範囲にある．これより大きな粒子は重力落下により大気中から除去される．小さな粒子は他の粒子の表面に付着して粒径の大きな粒子へ成長する．

　エーロゾルの個数濃度（単位体積当たりの粒子個数）の出現確率分布は粒径の3乗の逆数に比例する．この粒径分布をユンゲ（Junge）分布という．重量濃度（単位体積当たりの粒子重量）では，$2 \sim 3\,\mu m$ を谷とする二山型の分布を示す．この二山型分布の微小粒子側には燃焼起源の粒子や2次粒子が多く含まれている．$10\,\mu m$ 付近に最大濃度を示す粗大粒子には土壌粒子や海塩粒子，破砕から発生した粒子が多く含まれている．

4.2　大気の構造

(1) 鉛直構造

　日常生活では頭上にある空気の重さを感じないが，私たちはこの空気の重さ

に相当する圧力を受けている．この圧力（気圧）は海面高度で平均 1013 hPa（1気圧）であるが，高度が約 5 km 増すごとに，気圧はほぼ半分になる．したがって，地上 10 km では約 265 hPa，30 km では 12 hPa，50 km では 0.8 hPa である．熱力学的には気圧の小さな上空はまた温度も低くなるが，大気の温度は太陽からの放射の影響を受けて図 4-1 に示すような鉛直分布となる[2]．

地球の大気層の外側，高度 60 km 以上では太陽光線のうち波長の短い紫外線やX線により大気分子の解離と電離が起こり，電離層が形成される．ここでは，主に酸素が加熱され，上空ほど温度が高い熱圏（thermosphere）が形成される．

その下の層内では，酸素分子が太陽光線の波長約 240 nm より短い紫外線（C領域紫外線，UV-C）を吸収し，酸素原子に解離する．この酸素原子が酸素分子と反応しオゾンを生成する．オゾンは波長約 250 nm 付近の UV-C を吸収し酸素分子と酸素原子に解離し，発熱するので上空ほど温度が上昇し，安定した成層，成層圏（stratosphere）となる．オゾンは酸素原子と反応し酸素分子になる．オゾンが最も多く存在するのは，高度 20～30 km の成層圏の中下層で，この層のことをオゾン層という．地上における太陽光の分光測定で短波長側の紫外線が少ないことから上空にオゾンが存在すると予想されていた．そ

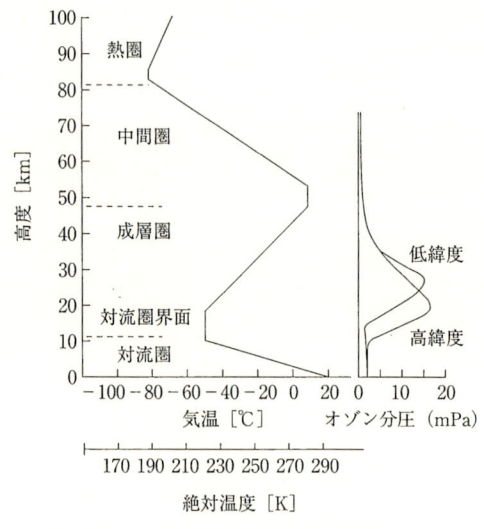

図4-1　気温とオゾン濃度の鉛直分布

の化学的反応は1830年にチャップマンにより解明されチャップマン機構と呼ばれている.

　地表から高度約10 kmまでの大気層は，地表面付近の大気が日射により暖められ対流が発達し，対流圏（troposphere）と呼ばれる．対流圏内では大気温度は高度100 mにつき0.65度低くなる．この温度減率が0.2度/100 m以下になる高度を対流圏界面（tropopause）とか圏界面と呼ぶ．対流圏の厚さは，低緯度地方では18 km程度，高緯度地方では8～10 km程度である．

　対流圏の最下層では，風が吹く際に地表面の摩擦を受け，風速は下層ほど小さくなる．高さ100 m程度までの地面に近い大気層では，日射による加熱や赤外放射による冷却を原因として地表面の温度変化の影響を強く受け，大気温度も高度によって大きく変化する．大気温度や風速などの気象パラメータの高度分布は地表面近くでの煙の拡散に影響する（第11章参照）．対流圏の最下層を接地境界層（surface boundary layer）と呼ぶ．大気の運動（風）に地表面の摩擦力や熱的な混合，気圧傾度力，コリオリ力が作用する地上1.5 km程度の範囲を大気境界層（planetary boundary layer）と呼ぶ．

(2) 循環

　対流圏内の大きな大気の動きとしては，赤道地方で上昇した大気が中緯度地方で降下して亜熱帯高圧帯を形成するハードレー循環がある．極地方上空の寒冷な大気は重力降下して低緯度方向に流出し，極前線帯を形成する．南北に移動する大気は地球自転の影響を受ける．北半球で北に向かう気流は低緯度での

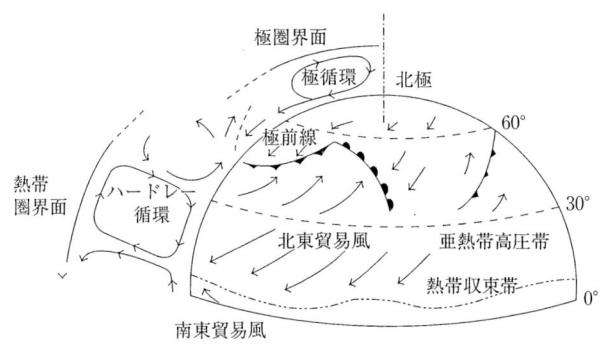

図4-2　大気大循環

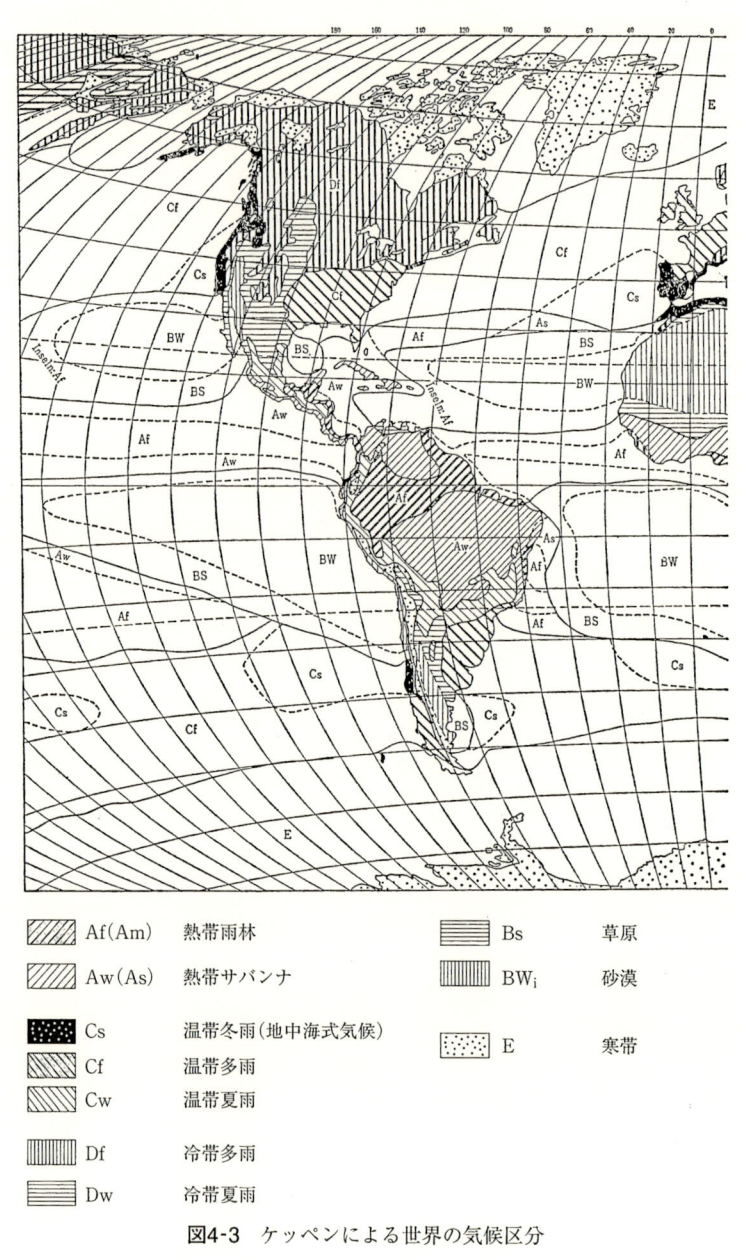

26 第4章 大気の組成と大気層の構造

凡例		
▨ Af(Am)	熱帯雨林	
▨ Aw(As)	熱帯サバンナ	
■ Cs	温帯冬雨（地中海式気候）	
▧ Cf	温帯多雨	
▨ Cw	温帯夏雨	
‖ Df	冷帯多雨	
≡ Dw	冷帯夏雨	
≡ Bs	草原	
‖ BW_i	砂漠	
⋯ E	寒帯	

図4-3 ケッペンによる世界の気候区分

（出所：吉野正敏『気候学』大明堂，1988, p. 32-33)

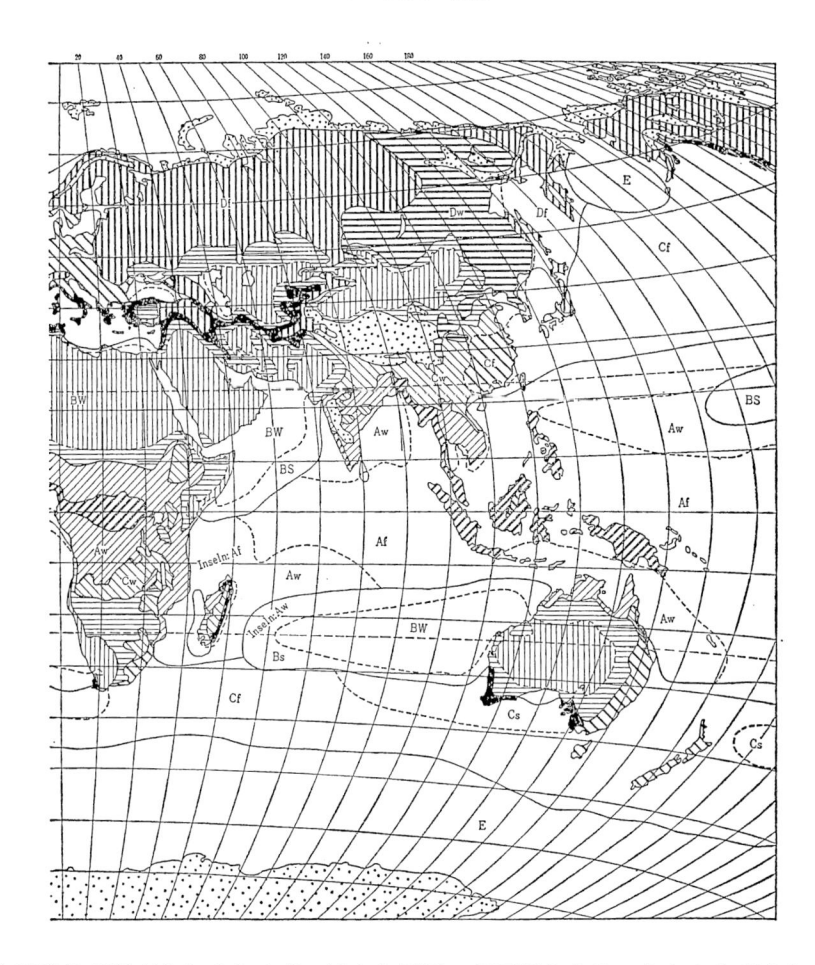

角運動量が保存されるため東へ流され西風，偏西風となる．あたかも東向きの力，転向力を受けている．この力をコリオリ力と呼ぶ．北半球で北から吹く風は西に転向し，偏東風となる．赤道付近の偏東風は貿易風（trade wind）とも呼ばれる．対流圏での平均的な大気の動きを図4-2に示す．対流圏での流れは成層圏での大気の動きにも続いていて，赤道付近上空で対流圏界面を越えた上昇気流は成層圏内低緯度地方で上昇し，高緯度地方で下降する流れ，ブリュワ・ドブソン循環を形成する．この流れは成層圏内のオゾン層の分布にも影響を与えている．

　地球大気は対流圏でも成層圏でも東西方向の風が卓越し，南北方向の風速成

分より大きい．積乱雲の中など特殊な場合以外は鉛直方向の風速は水平方向の風速より小さい．東西風が卓越しているため，南北方向の混合は東西方向の混合より時間がかかる．

4.3 気候区分

　地球表面に入る日射エネルギーは極地域と赤道地域では異なり，また地軸が公転面と傾いているため，地表面における日射エネルギーの分布が移動し季節変動となる．赤道地方の上昇気流の活発な地域は熱帯収束帯と呼ばれ，季節により南北に移動する．季節により風向が変化する風を季節風あるいはモンスーン (monsoon) という．赤道地方と高緯度地方で活発な上昇気流は雲を発生させ，降雨を伴うため植物の生育を盛んにし，熱帯雨林と寒帯林を形成する．下降気流の優勢な亜熱帯高圧帯や極域では降雨が少なく乾燥した気候となる．乾燥した気候は卓越した季節風の山脈の風下側にも形成される．

　地面に生育している植物はその環境により種類や様相が異なる．基本的な環境要素は温度と土壌水分である．ドイツの気候学者，ケッペンは年間の月毎の平均気温と雨量から植生を分類し，気候と対応させ，図4-3に示すような気候区分を提案した[3]．樹木のある気候区分を暖かい方からA（熱帯），C（温帯），D（冷帯），樹木の無い気候区分をB, Dとし，Bは降水の少ない砂漠気候，Dは寒冷なツンドラ気候に区別した．別の気候区分が提案されているが，基本要素は気温と降水量である．植生と対応した気候区分は地球温暖化による気候変動の影響を推定する指標でもある．

参考文献
1) 川上伸一：生命と地球の共進化，NHKブックス888 (2003)
2) 関口理郎：成層圏オゾンが生物を守る，成山堂書店 (2003)
3) 吉野正敏：気候学，大明堂 (1988)

第 **5** 章

大気汚染の影響

　世界中の多くの国において，大気汚染との関連で大きな社会問題となった事件は多い．また，北欧や北米では酸性雨などによる被害によって森林が減少したことがあった．そこで本章では，大気汚染による影響として，人体への影響，植物への影響，および建造物や文化財などへの影響について述べる．

5.1　人体への影響

(1) 影響のとらえ方

　大気汚染の生体（人体あるいは動植物）への影響は，暴露（ばくろ）量と生体側の条件で決定づけられる．ここで，暴露量とは，汚染物質の濃度×暴露時間，すなわち，生体を取り巻く環境中の汚染物質の濃度と暴露時間の積で表される．また，生体側の条件とは，性，年齢，疾病の罹患，特定の器官の機能障害などである．

　図 5-1 に示すように，有害因子への暴露量が少ない間は，正常な適応が働いて恒常性が維持されるので健康であるが，さらに有害因子の量が増加するにつれて代償機能が働き，有害な障害が起こらないように正常機能が維持される段階（この状態を ill health といい，半健康～疾病準備状態）に達し，さらに進むと代償機能が限界に近づいて破綻し，機能障害が見られるようになる．この段階で有害物質を除去すると修復されるが，さらに進んだ状態では疾病状態となって能力の永久損失が残り，さらに進むと代償機能や修復は完全に行われな

図5-1 機能的損傷とその医学的障害の関係およびその評価のための指標
(出所:公害防止の技術と法規編集委員会編『五訂・公害防止の技術と法規』, 産業環境管理協会, 1998, p.31 (原典は Hatch, 1972より改変引用))

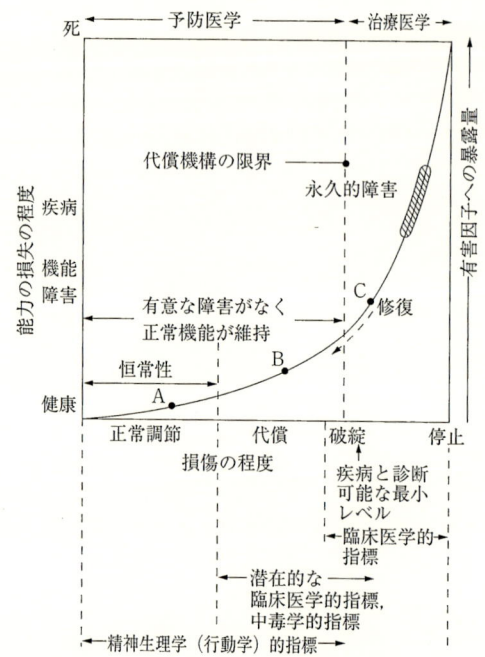

A:正常な精神生理学的機能の上限
B:健康への影響が予測できる下限
C:修復可能な上限

くなり, その結果死亡する[1].

大気汚染の対策においては, 健康への悪影響を及ぼさないように大気汚染物質の量を規制したり制御することになるが, そのとき, 健康への悪影響とは何かが問題となる.

WHO (世界保健機関) は, 環境有害因子の生物学的影響の分類と健康への悪影響について, 次の Level Ⅰ~Ⅳ の4つの段階に分類している.

① Level Ⅰ:直接または間接的影響が観察されない段階
② Level Ⅱ:悪臭, 目や咽頭の刺激感のような感覚器官の刺激が現れる段階
③ Level Ⅲ:生理学的機能の損傷または変化が見られる段階
④ Level Ⅳ:急性疾患や死亡が見られる段階

この WHO の分類において, Level Ⅲ 以上を健康への悪影響と考えることは

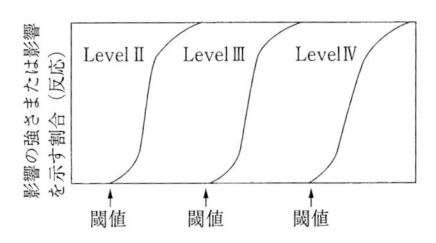

図5-2 WHOの分類（LevelⅡ～Ⅳ）における健康への悪影響の現れ方
(出所：公害防止の技術と法規編集委員会『五訂・公害防止の技術と法規』、産業環境管理協会 1998、p.33)

意見の一致が見られるが，それ以下のどの Level のどの辺りまでを悪影響と考えるかになると，意見の一致が見られなくなることが多い．

WHO の各 Level の量・影響または反応関係を図示すると図 5-2 のようになり，ほとんどの化学物質の量・影響または反応関係は，ある量以上になると影響または反応が見られ始める．そこで閾値（しきいち）という概念が生まれ，これから許容あるいは許容量という考え方が成立する．

(2) 人体への影響

人間は，呼吸しなければ生きていけない．そのため，約 1 万 ℓ，約 13 kg の空気を毎日約 2 万数千回も肺の中に出し入れしており，重量で食物や水の約 10 倍の量を摂取していることになる．したがって，大気汚染物質の人体への影響としては，気管支炎，喘息といった呼吸器系統への影響が重大である．

大気汚染の人体影響は，表 5-1 に示すように，急性影響と慢性影響に分けられる．

急性影響は，汚染物質の一時的な大量放出や特異な気象条件下などで，その濃度が著しく高くなったときに見られる．暴露時間から見ると，通常数分から数日間という短期間暴露時に見られる．主に気象条件による典型的な例として，ミューズ渓谷事件（ベルギー，1930 年），ドノラ事件（アメリカ，1948 年）およびロンドン事件（イギリス，1952 年）がある．また，化学プラントの事故による化学物質の漏洩も，環境リスクとして重大な影響を与える．そのような典型的な例として，ボパール事件（インド，1984 年）などがある．

慢性影響は，それほど高濃度ではなくても通常 1 年以上にわたる長期間暴露時に見られる．後述する慢性閉塞性肺疾患の成因に大気汚染がどの程度関与す

第5章 大気汚染の影響

表5-1 大気汚染の影響

急性影響 (短時間暴露)	慢性影響 (長時間暴露および時間経過による発症)
・喘息発作回数の増加 ・慢性呼吸器疾患患者の呼吸器症状の増悪 ・心臓病患者の症状の増悪(CO-Hbの増加などによる) ・毎日の死亡率が通常時よりも増加(ロンドン事件などで見られたような) ・急性呼吸器疾患の罹患率と罹患回数の増加(ミューズ, ドノラ, ロンドン事件で見られたような) ・目や気道への急性刺激症状(光化学スモッグに関連した眼刺激など) ・運動選手の運動能力の障害(光化学大気汚染に関連して) ・アンモニア, フッ化水素, MIC(メチルイソシアネート)等の流出時の急性影響(死亡)	・肺機能障害(おもに閉塞性障害) ・慢性気管支炎などの慢性閉塞性肺疾患の罹患率および死亡率の増加 ・鉛などの汚染物質の生体負荷量の増加 ・肺癌? ・放射性物質による甲状腺癌や白血病の増加 ・有機塩素化合物(ダイオキシン等)による奇形児の出産 ・毎日の死亡率が通常時よりも増加(ロンドン事件などで見られたような) ・アスベストの吸入による中皮腫

(データ出所:データの一部は公害防止の技術と法規編集委員会編『五訂・公害防止の技術と法規』, 産業環境管理協会1998, p.33より引用)

るかが問題となる.

　大気汚染物質は一連の気道系疾病の発症や増加・悪化に関与する可能性が考えられる.多くの気道系疾病の中でも,大気汚染との関連で注目されてきた疾病は,喘息性気管支炎,慢性気管支炎,気管支喘息および肺気腫である.このうち,慢性気管支炎,気管支喘息および肺気腫は,いずれも気道閉塞が見られるので,慢性閉塞性肺疾患と総称されている.しかし,どんな種類の汚染物質にどの程度暴露されると,どんな種類の影響がどの程度見られるのかに関しては,十分には解明されていない.

　例えば,慢性気管支炎の発症には,大気汚染以外にも,年齢,性,職業,喫煙(本人および周囲からの受動喫煙),住居内の厨暖房から発生する汚染などが関与する.現在までの研究によると,これらのうちで最も強い影響力をもつのは喫煙であり,大気汚染は喫煙の1/3~1/7程度と評価されている.

(3) 主要大気汚染物質の健康影響

大気汚染物質の健康影響としては，複合的影響も重要であるが，ここでは主要大気汚染物質ごとの健康影響について述べる．

a．二酸化硫黄

二酸化硫黄（SO_2）は窒息性の臭い（火山の臭い）をもつ無色の気体であり，水に溶けやすい．このため，多くの水分からなる人体内に吸入されたSO_2は，上気道で吸収されやすく，鼻粘膜，咽頭，喉頭や気管・気管支の上部気道を刺激する．生体に吸収されたSO_2のほとんどは肝臓で解毒され，硫酸塩となって尿中に排泄される．SO_2は，大気汚染による四日市喘息などの公害病の原因物質として知られている．

b．二酸化窒素

二酸化窒素（NO_2）は，下部気道に進入しやすいため，とくに終末気管支から肺胞にかけての影響が見られる．NO_2は，細胞膜の不飽和脂質を急速に酸化し，過酸化脂質が形成され，細胞膜の障害を引き起こす．NO_2の一部はゆっくりと加水分解し，亜硝酸や硝酸が形成される．動物実験では，NO_2暴露により，感染性微生物を吸入した場合に，感染抵抗性の減弱（微生物が増殖しやすくなり，肺炎を起こしやすくなる）を引き起こすことが示されている．

c．一酸化炭素

一酸化炭素（CO）は，肺胞に吸入されると，酸素を運搬している赤血球のヘモグロビン（Hb）と強く結合し，CO-Hbを形成する．CO-Hbの結合力は酸素との結合力の200〜300倍強いため，吸入空気中にCOが存在すると，O_2-Hbが減少し，組織への酸素の供給不足をきたす．その結果，酸素不足に最も敏感な中枢神経（とくに大脳）や心筋が影響を受ける．ただし，COは生体内でも形成され，CO-Hbは0.1〜1.0％くらいある．また，喫煙者は，タバコ煙中のCOの吸入により，しばしば高濃度のCO-Hbが検出される．

d．浮遊粒子状物質

浮遊粒子状物質（SPM）は，多成分でかつ広範囲な粒度分布をもっており，人体影響の程度も異なる．最近では，発ガン性や変異原性をもつ多環芳香族炭化水素（PAH）やアスベストなどが注目されており，とくに，ベンツ（a）ピレンなどの各種PAHを多く含むディーゼル排気粒子（DEP）が大きな問題となっている．

浮遊粒子状物質は気道へ沈着するが、その沈着率は粒径によって異なる。粒径が大きいと上部気道への沈着率が高いが、$3\mu m$前後のものは、下部気道への沈着率が大きい。また、ゆっくり呼吸すると沈着率は高くなる。

沈着した粒子は、通常、気道壁にある繊毛の運動により、気道分泌物とともに咽頭の方に運び出され、タンとなって外に吐き出されたり、飲み込まれたりする。O_3, NO_2, SO_2などの気道刺激性ガスは、ある濃度以上になると、こうした繊毛運動を抑制したり、繊毛を脱落させたりして、気道の清浄機構を傷害する。繊毛のない肺胞領域に沈着した粒子は、肺胞内の貪食細胞に貪食されたり、残留粒子として肺組織内に侵入し、じん肺などの病変を起こしたりする。

浮遊粒子状物質のうち、健康影響の面からとくに注目されているディーゼル排気粒子については、人間に対する発ガン性が認定された。また、気管支喘息・花粉症との関連性も懸念されるため、研究・調査が進められている。

e. 光化学オキシダント

光化学オキシダントは、いわゆる光化学スモッグの原因となる。前述のように、光化学オキシダントの90％以上はオゾン(O_3)であるが、PANなども問題になる。

成層圏のオゾン層の破壊は、重大な地球環境問題の一つであり、成層圏にあるオゾンは紫外線を遮るなど有用である。しかし、私たちが生活している接地境界層にあるオゾンは、人体や植物にとって有害である。かつて、リゾート地などの宣伝文句に「オゾンがいっぱい」などというものもあったが、人間がオゾンを胸いっぱい吸ったら病気になってしまう。オゾンの生体への影響は、NO_2にきわめて類似しており、呼吸器への影響などが知られている。

PANは眼結膜刺激物質であり、眼がチカチカする。

5.2 植物への影響

(1) 被害の型

大気汚染による植物被害の型を分類すると、可視被害と不可視被害に大別される。

a. 可視被害

可視被害は，さらに急性型と慢性型に分けられる．急性被害とは，発生源から排出された比較的高濃度の汚染物質が比較的短時間，農林耕地に停滞し，そこに生育する農林作物が障害を受け，その被害がその後の生育によっても回復しきれないで減収となるような場合をいう．通常，葉が顕著なクロロシス（黄白化）症状やネクロシス（細胞・組織の壊死（えし））症状を呈する．例えば，工場の突発事故，かつての製錬所の排煙による被害などがこれに属する．一方，慢性被害とは，比較的低濃度の汚染物質に，農林作物が生育期間中しばしば暴露されて生育不良状態に陥り，通常，比較的軽度のクロロシス症状を呈し，ひいては減収をもたらす場合をいう．最近の都市近郊の大気汚染による被害は，これに属するものが多い．

b. 不可視被害

不可視被害とは，ごく低濃度の汚染物質を吸収した農林作物が葉などに被害徴候を現すまでに至らないが，生理的・生化学的障害を受けて生育不振となり，ひいては収量に悪影響を及ぼすような場合をいう．

(2) 主要大気汚染物質による被害

a. 二酸化硫黄

二酸化硫黄（SO_2）の場合は，図5-3（a）に示すような葉脈の間に煙斑（斑点状のクロロシスまたはネクロシス）を生じやすい[1]．また，生育が抑制されたり，早期落葉がみられる．

b. 二酸化窒素

二酸化窒素（NO_2）による植物葉の被害症状は，二酸化硫黄またはオゾンの場合と似ている．すなわち，葉脈間に白色，褐色の不定形の斑点が見られるが，毒性はこれらのガスより弱い．

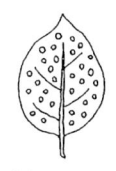

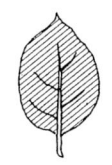

(a) 葉脈間　　(b) 表面　　(c) 裏面光沢化
　　斑点　　　　小斑点　　　　銀灰色〜青銅色変

図5-3　植物葉の被害症状[1]

図5-4 光化学スモッグの被害を受けたアサガオの葉
（1995年8月8日，千葉県佐倉市にて撮影）

c. 光化学オキシダント

　前述のように，光化学オキシダントの90％以上はオゾン（O_3）であるが，PANも問題になる．オゾンによる被害が軽いときは，葉の表面に図5-3（b）に示すような白色の小斑点が散在し，かすり状を呈する．被害がひどくなると，黄白色～褐色の不規則なそばかす状のしみが発生する．また，生育が抑制されたり，早期落葉が見られる．PANに暴露された植物は，主として図5-3（c）に示すように葉の裏面が光沢化したり，金属色（銀灰色または青銅色）を呈する[1]．光化学オキシダントの被害が現れたアサガオの様子を図5-4に示す．

(3) 指標植物

　ある特定の環境条件に対してとくに敏感な生物を指標生物という．陸上の環境に対しては，動かない植物が主として用いられる．このような指標植物を利用して大気汚染を感知しようとする試みが広まりつつある．この手法は，定性的ないしは半定量的であって，理化学的測定機器のような定量的表示はできない．しかし，広域にわたり連続的かつ長期間の大気汚染の進行をとらえることができ，しかも指標植物のもつ選択性により汚染物質の種類も区別できる利点がある．各汚染物質に対して感受性が高く，抵抗性が小さいという指標性を有する植物が指標植物として利用される．二酸化硫黄（SO_2）に対するアルファルファ（ルーサン）が有名である．

(4) 緑化に適した植物

　大気汚染を防止する抜本的な対策ではないものの，街路樹や緑地帯（植物緩

衝地帯）の設置といった緑化は推奨される．緑化に適するのは，指標植物の正反対，すなわち汚染物質に対して感受性が低く，抵抗性が大きい植物ということになる．

5.3 建造物・文化財などへの影響

　建造物は長年の間に硫黄酸化物や酸性雨などに侵され，次第に腐食されて損傷を受ける．とくに鉄部は，錆で侵食されやすい．また，パッキンやシール剤などに使われているゴム製品は，オゾンの強い酸化力でひび割れて損傷を受けやすく，漏水につながる．すすや粉じんなどの粒子状物質による汚れもある．

　石灰岩や大理石，砂岩などで作られた彫刻，仏像などの文化財も同様の損傷を受ける．例えば，アテネのパルテノン神殿，ローマの凱旋門，ロンドンのウエストミンスター寺院，ドイツのケルン大聖堂，復元前のアメリカの自由の女神などである．とくに，文化財は，再建しては価値が減ずるので問題は深刻である．また，例えば「奈良の大仏」を酸性雨から守るために屋根を付けるというような対策では議論が必要であろう．

参 考 文 献

1) 公害防止の技術と法規編集委員会編：五訂・公害防止の技術と法規（大気編），産業環境管理協会（1994）

第6章
環境リスクと環境毒性

　科学技術の進歩は私たちに便利で快適な生活をもたらした．しかし，そこで生産された化学物質や，意図せずに発生した化学物質の中には深刻な環境問題を起こしているものもある．このような化学物質や放射性物質による健康影響については未解明の部分が多く，健康影響を未然に防止する観点からも，より安全性を重視した意思決定が強く求められている．

6.1　環境リスク

　リスクにはさまざまな定義があり，一つは①危険なもの，もしくは危険とほぼ同義語としての意味であり，一方では，②まったくの確率的な表現にとどめるものもある．また，リスクには，環境以外の分野でも，犯罪発生のリスク，企業倒産のリスクなどさまざまなものがあり，リスクを受け入れてその行為を行うことにより得られるベネフィット（便益）との関係で議論されることも多い．化学物質の危険性や健康被害を考える場合には，ハザード（有害性）とリスクを分けて考える必要がある[1]．

　　ハザード（有害性）：その化学物質が人の健康や環境に与える影響の大きさ
　　リスク：その化学物質によるハザード（有害性）が発現する可能性の程度

　化学物質についての危険の可能性（リスク）は，（ハザード）と（暴露量）

から判断できる．このため，毒性が強くとも，暴露量（または吸引量）が小さければ，リスクは大きくならない．ここでとくに注意することは「リスクは確実に起こる危険ではない」[1]ということである．さらに，その暴露量が発現する確率も考慮に入れる必要がある．

化学物質による環境リスクは，次の2種類の問題を内包していると考えられる．

① 急性の健康被害を生じない程度の環境への放出，あるいは環境中に残留する物質や環境中で（食物連鎖により）濃縮される物質による，生涯あるいは次世代以降までの影響を評価する．

② 事故等による環境への放出（緊急時など）によって生ずる急性被害を含む影響を，事故の未然防止などの問題も含めて評価する．

日本の環境省においても，環境中の化学物質についてのモニタリングやリスク評価を行っている．ここで対象としているリスクは，定常的に排出されている化学物質の有害性およびその暴露量から，健康への影響を検討するものである．一方，ISO 14001の環境マネジメントシステムが求めている「緊急事態発生防止と緊急時の被害軽減のためのシステム」に対応するようなリスク（上記の②に相当する）は安全工学などの分野で研究されている．このような分野では，リスクは被害の規模と発生確率の積によって評価できる．例えば，化学プラントの事故で環境中へ放出される化学物質によるリスクは，

リスク（危険の可能性）＝被害の規模（ハザード）×発生確率

と考えればよい．したがって，リスクの低減には，事故が起こらないようにすること（発生確率の低下）と，被害を小さくすること（ハザードの低下）の両者を組合せた対策が必要である．

また，ある行為によって得られる便益の大きさに比べて，生じるリスクが一定値以下の場合は社会的に受容される．例えば，日本では年間1万人近くが交通事故で死亡しているにもかかわらず，自動車に乗ることをやめる人はほとんどいない．この社会的な受容（public acceptance, PA）を評価することも大切である．

一般に，環境汚染物質の摂取量と健康影響の大きさは，第5章の図5-2に

示すような用量反応関係で表される．ここで，健康影響が発現しない閾値が存在する場合には，この閾値を無毒性量（no observed adverse effect level, NOAEL）とし，この値に一定の安全係数を乗じて摂取許容量を求めることができる．しかし，遺伝子損傷性のある発ガン物質や放射線の影響については閾値が存在しないといわれている．閾値がない環境汚染物質については，いかに低濃度でも，リスクがゼロにならない．リスクをゼロにするためには濃度を完全にゼロにしなければならない．それができない場合には，一定のリスクを受け入れて生活することになる．

6.2 化学物質による環境汚染

1962年にレイチェル・カーソンにより執筆された"Silent Spring"はDDTなどの農薬による環境汚染を広く紹介した名著[2]として，世界の多くの国で読まれている．日本でも，その翻訳版が「沈黙の春」として出版されている．この中で，環境中に放出されたDDTなどは生物の体内で濃縮され，それが次の世代や，食物連鎖を通じて他の生物種にも影響するという問題が提起されている．

1996年にシーア・コルボーンらにより書かれた"Our Stolen Future"は「奪われし未来」として日本語版が出版され[3]，評判になった．最近，その増補改訂版も翻訳されている．ここでは私たちの体内で働くホルモンと類似の作用をもつ（あるいはその働きを阻害する）物質の危険性を指摘している．

ホルモンは，生殖や成長などに密接に関係している物質である．このホルモンの働きに異常が生じると，生物の存続そのものが脅かされることになる．環境中に存在する物質で，ホルモンに似た働きをしたり，ホルモンの働きを阻害するなど，内分泌系を攪乱する物質を「環境ホルモン」といい，体内に取り込まれると，あたかも本物のホルモンのように作用することもある．この「環境ホルモン」を環境省では「外因性内分泌攪乱化学物質」と呼んでおり，英語では，endocrine disruptors（Eds）と呼んでいる．このような環境ホルモンによる生物への影響として，表6-1に示すような事例が報告されている[4]．

環境ホルモンの疑いをもたれている物質には，船底塗料，プラスチック可塑

表6-1 環境ホルモンによる野生生物への影響

生物		場所	影響	推定される原因物質
貝類	イボニシ	日本の海岸	雄性化, 個体数減少	有機スズ化合物
魚類	ニジマス	イギリスの河川	雌性化, 個体数減少	ノニルフェノール*
	ローチ	イギリスの河川	雌雄同体化	ノニルフェノール*
爬虫類	ワニ	アメリカ・フロリダ州の湖	雄のペニスの矮小化, 孵化率低下, 個体数減少	DDTなど, 有機塩素系農薬
鳥類	カモメ	アメリカ・五大湖	雌性化, 甲状腺の腫瘍	DDT, PCB*
	メリケンアジサシ	アメリカ・ミシガン湖	孵化率低下	DDT, PCB*
哺乳類	アザラシ	オランダ	個体数減少, 免疫機能低下	PCB
	シロイルカ	カナダ	個体数減少, 免疫機能低下	PCB

(出所：平成11年版, 環境白書より)　　*：断定されず

剤，殺虫剤，除草剤などの成分，およびダイオキシン，重金属などがある．この中には，ダイオキシンやPCBといった猛毒といわれている物質や，ビスフェノールAやフタル酸エステルなど，私たちの身の回りにある工業製品の中に含まれている物質もある．

6.3　ダイオキシン問題

(1) 残留性有機汚染物質

ダイオキシンやPCBなどの化学物質のうち，環境中で分解されにくく，長期間にわたって生物に悪影響をもたらすものを残留性有機汚染物質（persistent organic pollutants, POPs）と呼んでいる．ここでPOPsの特徴としては次のような点が上げられる[5]．

① 難分解性，生態蓄積性，長距離移動性を有し，人または生態系への悪影響を及ぼす．

② 発ガン性，神経毒性，免疫毒性，生殖毒性など（人に対する有害性）や生態毒性（環境に対する有毒性）を有する．

③ 低水溶性・高脂溶性であるため，生物濃縮しやすく，母乳を介した次世代への影響が懸念される．

④ POPsの多くは有機塩素化合物であり，空気中に蒸発・拡散し，大気や

海洋により長距離を移動する．

このため，POPs とは無縁の生活をしているはずの北極圏，南極圏周辺の先住民など極地方に住む人々の体内の汚染濃度が，POPs を使用してきた先進工業国の人々の場合よりも高いという問題も生じている．とくに伝統的な食文化を守っている人々ほど，生物濃縮により高濃度に汚染された大型哺乳類を食べるため，免疫障害やガンの増加など深刻な影響を受けている．

(2) ダイオキシン

ダイオキシンとは，多数の化学物質の総称で，日本の法令では，ポリ塩化ジベンゾ-パラ-ジオキシン（PCDD），ポリ塩化ジベンゾフラン（PCDF）およびコプラナーポリ塩化ビフェニル（コプラナー PCB）をまとめてダイオキシン類と呼んでいる．ダイオキシンの化学構造は図6-1において1〜4と6〜9の位置に塩素原子が結合したものである．塩素原子の数や付く位置によっても形が変わり，PCDD は 75 種類，PCDF は 135 種類の異性体がある．これらの異性体は毒性の強さがそれぞれ異なり，2, 3, 7, 8 の位置に塩素が付いた PCDD（2, 3, 7, 8 - TCDD）の毒性が最も強い．このため，ダイオキシン類の毒性を評価する際には，2, 3, 7, 8 - TCDD の毒性を 1 として，他のダイオキシンの毒性の強さを換算し，合算したもので評価する．この場合には TEQ という単位が使用される．ダイオキシンは，無色無臭の固体で，ほとんど水には溶けないが，脂肪などには溶けやすいという性質をもっている．ダイオキシンは意図的に作られるものではなく，ゴミの焼却のほか，金属精錬の燃焼工程や製紙の塩素漂白の工程などから発生し，また過去に農薬に不純物として含まれていたものが環境中に蓄積している可能性があるともいわれている[6]（図6-2参照）．

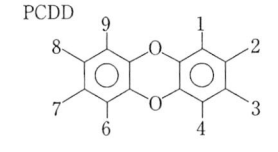

(A) ポリ塩化ジベンゾ-p-ジオキシン   (B) ポリ塩化ジベンゾフラン

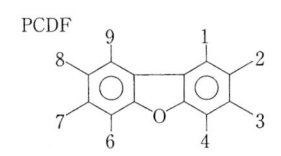

図6-1　ダイオキシン類の構造式

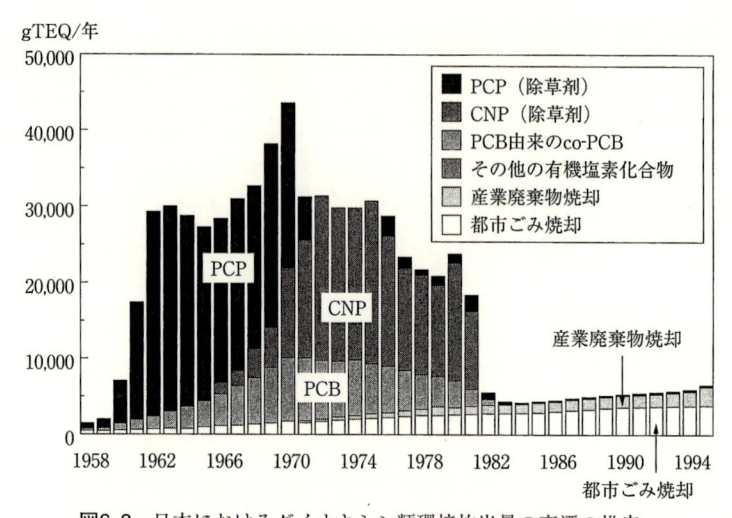

図6-2 日本におけるダイオキシン類環境放出量の変遷の推定
(出所：中西準子，益永茂樹，松田裕之『演習環境リスクを計算する』岩波書店，2003年，p.129)

6.4 化学物質の管理

　さまざまな化学物質は私たちに便利で快適な生活を提供してくれたが，同時に多くの危険や災害をもたらした．例えば水俣病やインド・ボパールの事故などの原因は化学工場での不適切な操業であった．このため，化学物質の環境上適切な管理に関する取り組みが各国で行われた．1985年にカナダ化学工業協会はレスポンシブル・ケア (responsible care, RC) という考え方を提唱した．そして，1992年の地球サミットの「アジェンダ21」においても，その第19項で「有害物質の環境上適切な管理」の推進を求めており，そのための管理手法の1つとしてレスポンシブル・ケアが推奨されている．このレスポンシブル・ケアとは，化学物質の開発，製造から製品の使用，廃棄までの全ステージにおいて，環境，安全のために自主的に責任をもって行う活動である[7]．
　また，アメリカでは，1986年に「緊急時対応計画及び地域住民の知る権利法」(emergency planning and community right to know act) が制定され，これにより化学物質の放出および移動についてのデータの報告を義務づけ，公表する制度が開始された．これは有害化学物質排出目録 (toxic release inventory,

TRI) と呼ばれている．そして，OECD は「有害化学物質の環境上適切な管理」のための手法として，環境中への有害物質の放出および移動量を報告し，公表する制度 (pollutant release and transfer registers, PRTR) の指針を作成し，加盟各国に実施を勧告した．

日本においても，「特定化学物質の環境への排出量の把握等及び管理の改善の促進に関する法律（通称 PRTR 法）」が 1999 年に制定された．この制度の主旨は，法律による直接の規制ではなく，情報公開と自主管理による環境改善である．また，事業者は指定化学物質（この法律で定められた有害化学物質）やそれを含む製品を他の事業者へ出荷する際には，相手方に対して化学物質等安全データシート (material safety data sheets, MSDS) を送付することにより，その成分等に関する情報を提供することが義務化されている．

参 考 文 献

1) 浦野紘平：化学物質のリスクコミュニケーション手法ガイド，ぎょうせい (2001)
2) R．カーソン著，青樹簗一訳：沈黙の春，新潮社 (1987)
3) T．コルボーン，D．ダマノスキ，J．P．マイヤーズ著，長尾 力，増 千恵子訳：奪われし未来（増補改訂版），翔泳社 (2001)
4) 環境省編：平成 11 年版環境白書，ぎょうせい (1999)
5) 環境省編：平成 13 年版環境白書，ぎょうせい (2001),
6) 中西準子，益永茂樹，松田裕之：演習 環境リスクを計算する，岩波書店 (2003)
7) 大蔵幸男：化学業界の PRTR への取り組みと日本の制度導入上の課題，産業と環境，Vol. 8, No. 3, p. 30〜33 (1998)

第7章

工業と大気汚染物質の発生

　古くから大気汚染をもたらした代表的な産業は鉱業である．紀元前3500年に始まった青銅器時代には，シュメール（現在のイラク南部）やエジプトで，銅精錬によって二酸化硫黄の大量の発生があったようである．鉱業に伴う煙害は，わが国でも江戸時代末に銅煙毒という言葉で記録が残っている．銅山では，鉱石を焙焼（蒸し焼き）したり，精錬したりする過程で二酸化硫黄やヒ素，鉛など有毒な物質を含む煙が発生した．イギリスでは14世紀初頭，職人が石炭を使用することを禁止する王室布告がだされた．17世紀，ロンドンで，石炭燃焼に伴う大気汚染の原因として槍玉にあがった産業は，ビール醸造業，染色業，石けん業，食塩業，石灰業などである．こうした人間活動により排出される大気汚染物質は，火山など自然現象に伴うものと区別して，人為起源と呼ばれる．人為起源は，工場などの固定発生源と自動車などの移動発生源に分類される．本章では，現在の代表的な固定発生源を取り上げ，大気汚染物質の発生と対策について述べる．

7.1　燃　焼

(1)　燃　料

　空気または酸素の存在下で燃焼し，熱，光，動力などに利用される物質を燃料という．燃料は性状により，気体燃料，液体燃料，固体燃料に分けられる．
　気体燃料は天然ガス，液化石油ガス，石炭ガスなどである．天然ガスは油田，

炭田などから産出されるガスで，メタンを主成分とする乾性ガスとメタンより炭素数の多いエタン，プロパン，ブタンなども含む湿性ガスに分けられる．主成分であるメタンの含有割合はガス田によって異なり，70～ほぼ100％である．硫黄分の含有はほとんどないが，硫化水素を含む場合がある．天然ガスは発熱量が高いので，都市ガス，発電に用いられる．液化天然ガス（liquefied natural gas, LNG）は，硫黄分などの不純物を除いた後の天然ガスを－162℃で液化したものである．容積は元の気体の約1/600で輸送，貯蔵に都合がよい．液化石油ガス（liquefied petroleum gas, LPG）は，石油精製の過程で発生するガスや天然ガスから分離回収される．LPGはプロパン，プロピレン，ブタン，ブチレンのいずれか，あるいはそれらの混合物である．代表成分がプロパンであるため，プロパンガスと通称され，家庭用，工業用，自動車用の燃料，都市ガス，発電に用いられている．LNG，LPGとも硫黄分，窒素分をほとんど含まない．石炭ガスは，石炭を乾留したときに生成するガスである．組成は水素が約1/2，メタンが約1/4である．

　液体燃料はガソリン，灯油，軽油，重油などである．原油は常圧蒸留により，ガス，ナフサ，灯油，軽質軽油，重質軽油と残渣（常圧残油）に分別される．ナフサはガソリンの原料である．灯油は家庭用の暖房や小型発電機であるマイクロガスタービンやマイクロディーゼルエンジンの燃料，軽質軽油はディーゼルエンジン燃料に使われている．常圧残油は減圧蒸留により，減圧軽油と減圧残油に分けられる．重質軽油と減圧軽油は水素化脱硫後，触媒の力で分解（接触分解）されて，分解ガソリン，分解軽油，分解ガスになる．重油は，軽油，分解軽油，常圧残油，減圧残油を調合したもので，粘度の小さい順にA，B，C重油に分類される．A重油は残油をほとんど含まず，余熱を必要としない．漁船のディーゼルエンジンや暖房に使われる．C重油は残油を含み，余熱が必要で，発電や製造業で使われる．C重油の硫黄分は高い（JIS規格では3.5％以下）．B重油はほとんど生産されていない．原油は炭化水素を主成分とし，他に硫黄や窒素を少し含む．わが国の輸入原油の硫黄分（重量％）は，中東産の場合0.8～2.9％，中国，東南アジア産の場合0.1以下～0.2％で，全輸入量平均は1.38％である[1]．原油は重油より硫黄分が少ないため，発電用に原油の生焚きが行われることがある．

　固体燃料は石炭が最も代表的である．石炭は用途により原料炭と一般炭に分

かれる．原料炭はコークスやガス製造，一般炭は発電所やセメント産業の燃料に使われる．コークス用原料炭には粘結性とコークス化性（コークスの通気性と強度に関係），流動性（加熱したとき広い温度範囲で流動すること）が求められる．石炭に含まれる灰分はすべてコークス中に残留するため，低いほどよく，通常は10％以下とされている．ボイラ用の一般炭としては，燃焼ガスの主体である揮発分を30％以上含むことが望ましい．また，着火性がよく，灰の融点が1300℃以上で，硫黄分の少ない石炭がよい．石炭の組成は工業分析値，元素分析値で表される．工業分析では，水分，灰分，揮発分，固定炭素の値が示される．水分には，大気中の湿気と平衡状態で石炭が吸着している固有水分と石炭の表面に機械的に付いている付着水分（湿分）がある．両者を合わせて全水分という．輸入一般炭では，全水分10％弱，灰分10〜15％，揮発分30％前後のものが多い．石炭の燃焼性は通常，揮発分および灰分が少なく，固定炭素が多いほど悪くなる．固定炭素分と揮発分の比は燃料比と呼ばれる．燃料比は低いほど着火しやすい．元素分析値は無水ベースで表示される．石炭の主要な組成元素は，炭素，水素，酸素で，これらに少量の窒素，硫黄，微量の水銀などの重金属が加わる．炭素は70％以上を占める．輸入一般炭の全硫黄の含有割合はほとんどの炭種で1％以下，燃料比は1〜2である．石炭を乾留して製造されるコークスも固体燃料である．コークスは高炉，溶鉱炉などで使用される．

(2) **燃焼排ガス**

例えば，燃料中のメタンが完全燃焼したときの燃焼方程式は以下のように表される．

$$CH_4 + 2O_2 = CO_2 + 2H_2O \tag{7.1}$$

この式からメタン$1\,m^3N$の燃焼に必要な酸素量は$2\,m^3N$ということがわかる．必要な酸素量がわかれば空気量も計算できる．また，メタン$1\,m^3N$の燃焼により二酸化炭素$1\,m^3N$と水蒸気$2\,m^3N$が生成されることがわかる．なお，m^3Nは標準状態（normal：0℃，1気圧）における体積（m^3）である．

液体あるいは固体燃料中の硫黄分が$1\,kg$燃焼した場合は，SとSO_2の質量比が1対2なので，次式により二酸化硫黄が$2\,kg$生成されることになる．

$$S + O_2 = SO_2 \tag{7.2}$$

燃料が完全燃焼するのに必要な最低の空気量を理論空気量という．メタンの場合，$1 m^3N$ の燃焼につき $2 m^3N$ の酸素が必要である．空気中に含まれる酸素の量は21％であるので，必要な空気量は $2/0.21=9.5 m^3N$ になる．理論空気量 A_0 は $9.5 m^3N /m^3N$ である．燃料 $1 m^3N$ の中に，水素，一酸化炭素，メタン，エチレン，その他の炭化水素，酸素が $h_2, co, ch_4, c_2h_4, c_mh_n, o_2 m^3N$ 含まれている場合は次式で計算できる．

$$A_0=\frac{1}{0.21}\left\{0.5h_2+0.5co+2ch_4+3c_2h_4+\left(m+\frac{n}{4}\right)c_mh_n-o_2\right\} \quad (7.3)$$

h_2 などに付く係数は各元素に対する燃焼方程式から導かれる．燃料中の酸素は燃焼に寄与するため，その分の酸素量は差し引かれている．二酸化炭素や窒素は燃焼には直接寄与しない．

液体および固体燃料の場合は次式で理論空気量 A_0 [m^3N/kg] が計算できる．

$$A_0=\frac{1}{0.21}\left\{\frac{22.4}{12}c+\frac{22.4}{4}\left(h-\frac{o}{8}\right)+\frac{22.4}{32}s\right\} \quad (7.4)$$

ここで，c, h, o, s は燃料 $1 kg$ 中に含まれる炭素，水素，酸素，硫黄の重量 [kg] である．{ } 内の22.4は $1 kmol$ 当たりの気体容量 [m^3N]，その分母の数値は $1 kmol$ 当たりの重量 [kg] である．また，燃料中の酸素は燃焼に関与せず，水素の一部と結合水の状態にある．その分の水素量が差し引かれている．

理論空気量は，天然ガス（湿性）が $11〜12 m^3N/m^3N$，最も代表的な石炭である瀝青炭が $7.5〜8.5 m^3N/kg$，燃料油が $10〜13 m^3N/kg$ である．燃料を実際の設備で燃焼させると，理論空気量だけではなかなか完全燃焼しない．そこで，余分の空気を与えることになる．実際に与える空気量を所要空気量という．所要空気量と理論空気量の比を空気過剰係数あるいは空気比と呼ぶ．空気比は重油燃焼でおよそ $1.1〜1.3$ である．

燃料が燃焼して生成されるガスのことを燃焼排ガス（燃焼ガス）という．一般に，燃焼排ガスが煙突などから排出されるときには排ガスと呼ばれる．燃焼排ガスには，燃焼した結果できる二酸化炭素，水蒸気，二酸化硫黄の他に燃焼用の空気からの酸素，窒素が含まれる．水蒸気を含んだ状態のガスは湿り燃焼ガス，水蒸気を除外したガスは乾き燃焼ガスという．排ガスの組成は乾き燃焼ガスの状態で示される．燃料が理論空気量で完全燃焼したときの燃焼排ガス量

表7-1 燃料の発熱量

エネルギー	単位	平均発熱量(kcal)	エネルギー	単位	平均発熱量(kcal)
石炭			石油		
原料炭（国内）	kg	7,700	原油	L	9,126
（輸入）	kg	6,904	NGL（天然ガス油）	L	8,433
一般炭（国内）	kg	5,375	ガソリン	L	8,266
（輸入）	kg	6,354	ナフサ	L	8,146
無煙炭（国内）	kg	4,300	ジェット油	L	8,767
（輸入）	kg	6,498	灯油	L	8,767
亜炭	kg	4,109	軽油	L	9,126
コークス	kg	7,191	A重油	L	9,341
コークス炉ガス	m^3	5,401	B重油	L	9,651
高炉ガス	m^3	800	C重油	L	9,962
転炉ガス	m^3	2,009	潤滑油	L	9,603
練豆炭	kg	5,709	その他石油製品	kg	10,105
天然ガス（国産）	m^3	9,771	製油所ガス	m^3	10,726
（輸入）	kg	13,019	オイルコークス	kg	8,504
炭鉱抜きガス	m^3	8,600	LPG	kg	11,992
都市ガス	m^3	9,818	電力	kWh	2,150

（出所：日本エネルギー経済研究所編，『エネルギー・経済統計要覧2005』(2005) の原表より抜粋，一部改編）

が理論燃焼排ガス量である．実際は，過剰空気の分だけ燃焼排ガス量は増える．燃焼排ガス中の酸素濃度が小さいほどよい燃焼条件である．

　単位量の燃料が完全燃焼するときに発生する熱量を発熱量という．発熱量には，水蒸気の凝縮の潜熱を含んだ高位発熱量（higher heating value, HHV）とそれを含まない低位発熱量（lower heating value, LHV）がある．前者は総発熱量，後者は真発熱量とも呼ばれる．発電熱効率をLHV基準で行うと，HHV基準で行った場合より，見かけ上高くなる．一般にはHHVで表す．表7-1に各燃料の発熱量を示す．

　理論空気量で燃料を完全燃焼させたとき，燃焼ガス中に含まれる二酸化炭素の濃度のことを最大炭酸ガス量という．この条件のとき二酸化炭素の濃度は最大となり，天然ガス（湿性）で約10％，重油で約15％，瀝青炭で20％弱である．

7.2 発電所

　図7-1は石炭火力発電所における燃料の受け入れ，燃焼，排煙処理のフローを示している．図7-2は排煙処理装置の全景である．燃料である石炭はボイラで燃焼される．燃焼温度は1400～1600℃である．ボイラは水管内の水を熱し蒸気を発生させる装置で，得られた高温，高圧の蒸気によりタービンを回して発電する．燃焼排ガスには，ばいじん，硫黄酸化物，窒素酸化物などの大気汚染物質が含まれる．ばいじんは，燃料を燃焼することによって発生した微細な灰のことである．硫黄酸化物は，燃料中の硫黄分が燃焼により酸素と反応して発生する．窒素酸化物（NOx）は，燃料中の窒素分の酸化と空気中の窒素分子の高温状態による酸化で生じる．前者は Fuel NOx（燃料 NOx），後者は Thermal NOx（熱的 NOx）と呼ばれる．ボイラ排ガスの窒素酸化物のほとんどは一酸化窒素と二酸化窒素で，前者が約95％を占める．Thermal NOx の割合は，石炭焚きボイラの場合10～20％であるが，重原油焚きボイラでは30～40％，ガス焚きボイラでは100％である．燃焼にあたっては，低NOxバーナや二段燃焼，排ガス混合燃焼によって，窒素酸化物の発生を抑制している．

　燃焼排ガスは，脱硝装置，集じん装置，脱硫装置といった排煙処理装置を経て，煙突から大気に排出される．典型的な排煙処理システムの構成では，脱硝装置にアンモニア選択接触還元法，集じんに電気集じん器，脱硫装置に湿式石灰石こう法が用いられる．排煙処理システムの構成は，燃料や電気集じん器の

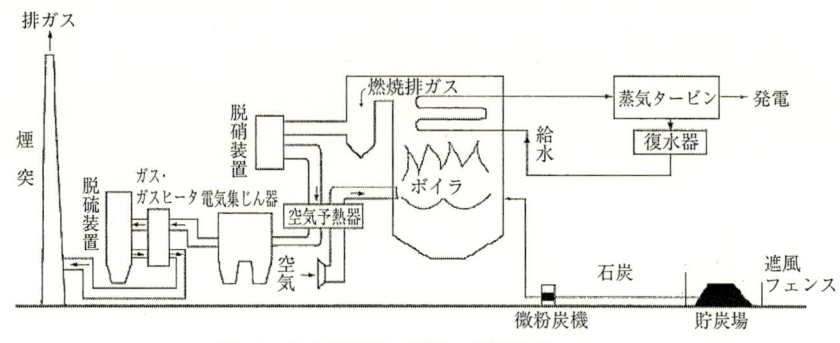

図7-1　火力発電所の燃焼，排煙処理フロー

7.2 発電所

図7-2 火力発電所の排煙処理装置（電源開発株式会社提供）

特性によって異なる．図7-1は低温度域（130～150℃）で集じんを行う低温 EP を採用した例である．石炭火力発電所では，高温度域（350℃程度）で集じんを行う高温 EP を設置することがあるが，この場合，ボイラ排ガスは，集じん，脱硝，脱硫の順（図7-2）で処理されて，煙突から排出される．

石油火力は燃料として油を供給するが，排煙処理のフローは図7-1と同じである．液化天然ガスは，ボイラあるいはガスタービンで燃焼されるが，硫黄酸化物やばいじんが発生しないので，どちらの燃焼方式でも脱硝装置だけが必要である．

石炭火力発電所の排ガス諸元例を表7-2に示す．石炭火力発電所で図7-1のような排煙処理システムの場合，一般にばいじんの除去率は 99.9％ 以上，脱硫率は 90％ 以上，脱硝率は 80～90％ 以上である．これにより，煙突排煙のばいじん濃度は $10\,mg/m^3N$ 以下～数 $10\,mg/m^3N$ 以下，硫黄酸化物濃度は 50 ppm 以下，窒素酸化物濃度は 40～50 ppm 以下が達成できる．ガスタービンの場合，窒素酸化物濃度は通常 10 ppm 以下である．わが国の火力発電所では発電電力量あたりの硫黄酸化物と窒素酸化物の発生量は，それぞれ $0.2\,g/kWh$ と $0.3\,g/kWh$ である[2]．これらの値は，欧米の先進国と比べて，硫黄酸化物で 1/36～1/6，窒素酸化物で 1/7～1/2 と低い．

石炭火力発電所では，石炭をハンドリングする際に粉じんが発生する．粉じんの発生量は，主にハンドリング箇所の風速と石炭の湿分によって決まる[3]．

表7-2 石炭火力発電所の排ガスなどの諸元例

項　目		内　容	項　目	内　容
出　力		100 万kW	排ガス量（湿り）	$3,290 \times 10^3$ m^{3}N/h
煙突高さ		200 m	硫黄酸化物*	42 ppm
煙突出口	温度	90 ℃	窒素酸化物*	36 ppm
のガス	速度	30 m/s	ばいじん*	0.01 g/m^{3}N

＊：乾きガスベース
（データ出所：九州電力(株)，『松浦発電所(2号機)一部計画変更に伴う環境影響評価書』(2000)）

そのため，散水，遮風フェンスの設置，屋内式貯炭場や密閉型設備の導入などによって，粉じんの発生が抑制されている．

地熱発電所では，蒸気井より噴出する気液混合物から分離した蒸気によりタービンを回して発電する．地熱蒸気中には硫化水素（H$_2$S）が含まれている．タービン排気に含まれる硫化水素は，硫化水素除去装置を経て，冷却塔から大気中に放出される．この際，冷却塔から排出される多量の空気によって希釈される．

原子力発電はウラン燃料やウラン・プルトニウム混合酸化物燃料の核分裂で生じた熱で蒸気を発生させ，この蒸気でタービンを回転させて発電するシステムである．原子炉の中で水を熱して蒸気を作るタイプの沸騰水型炉（boiling water reactor, BWR）と熱した水を蒸気発生器で別の系統の水と熱交換して蒸気を作るタイプの加圧水型炉（pressurized water reactor, PWR）がある．燃料から水中に漏洩した放射性物質は，蒸気中へ移行し，建屋からの換気あるいは蒸気を水に戻す装置（復水器）での吸引空気の排気により，除去フィルターなどを経て大気中へ放出される．排気中にはクリプトン，キセノンなどの希ガスや放射性よう素が含まれる．

7.3　製鉄所

製鉄所における工程の流れと環境対策を図7-3に示す．まず，鉄鉱石，石炭，石灰石が屋外置き場（鉱石ヤード，貯炭ヤード，石灰石ヤード）に貯蔵される．石炭はコークス炉で蒸し焼きにされる．鉄鉱石はふつう粉状で，これに粉コークスと石灰石を混ぜて焼き固め，焼結鉱を作る．この工程を焼結という．

7.3 製鉄所

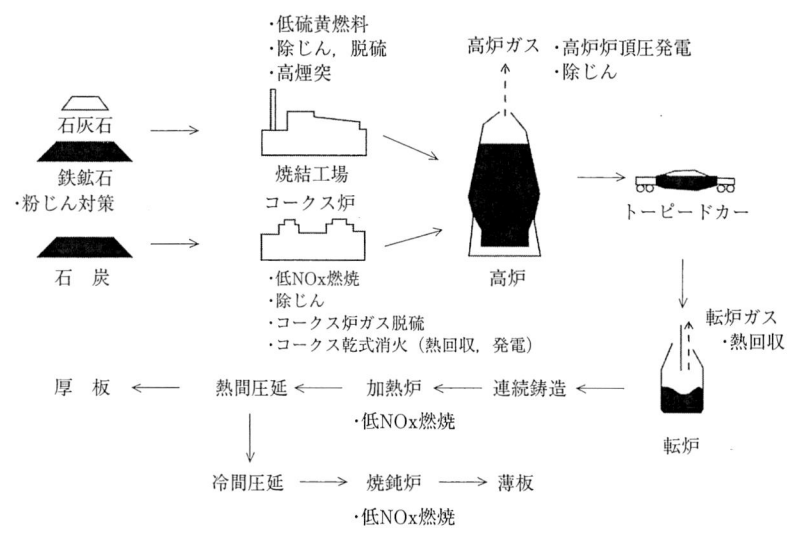

図7-3 製鉄所における工程と環境対策

次に，コークスと焼結鉱を高炉（溶鉱炉）に装入し，炉内に1200℃の熱風を吹き込む．鉄鉱石はコークスにより還元されて，鉄分が炉の底にたまる．これを銑鉄という．鉄鉱石の不要成分は石灰石に取り込まれ，鉱滓（スラグ）として溶けた鉄（溶銑）の上に層をなす．溶銑は貨車（トーピードカー）で運ばれて製鋼工場へ移る．製鋼工場は精錬を行うところで，転炉で炭素分を減らし，リン，硫黄，珪素などの不純物を除去する．転炉には，まず少量の鉄スクラップを装入し，続いて溶銑，石灰を入れ，酸素を吹き込む．この方法では燃料が不要である．鉄スクラップの精錬には電気炉が使われる．溶けた鋼は連続鋳造設備によって鋼片になり，鋼片は加熱，圧延されて製品になる．

コークス炉，高炉，転炉などで発生する副生ガスは，除じん，脱硫後に熱風炉，ボイラ，発電用の燃料に有効利用される．高圧の高炉ガスは発電に利用される（top-pressure recovery turbine, TRT）．また，コークスの消火に使う窒素やアルゴンなど不活性ガスの熱を回収し，ボイラで高温，高圧の蒸気を発生させて発電（coke dry quenching 発電，CDQ 発電）することによって，省エネルギーがはかられている．1999年における鉄鋼業のエネルギー消費量と二酸化炭素排出量は，省エネルギーの進展等により，1990年に比べてそれぞれ6.1％

と3.8％減少した[4]．コークス炉ガスには水素が約55％と高い割合で含まれているため，分離・回収してエネルギー源としての液体水素を生産する技術が実証段階に入っている[5]．

製鉄所では，硫黄酸化物排出量の約60％は焼結工場から発生する[6]．焼結炉排ガスの脱硫には，湿式石灰石こう法，水酸化マグネシウム法，アンモニア硫安法が用いられている．アンモニア硫安法は，コークス炉ガス中に含まれるアンモニアを利用するもので，99％以上の脱硫率が得られている．また，活性炭法乾式排ガス処理装置により，脱硫だけでなく脱硝，除じんを同時に行っている製鉄所がある．ボイラ排ガスの脱硫には，石灰石こう法，水酸化マグネシウム法が使われている．また，両者を組合せた水酸化マグネシウム石こう法が実用化されたが，この方法は脱硫率97％以上，排水量，廃棄物量が1/10という特長をもつ．原料，燃料については，低硫黄鉄鉱石の採用，低硫黄重油，LPG，LNGへの転換が進められた．

窒素酸化物は高温工程で発生する．対策としては，低NOxバーナ，低NOx燃焼，焼結工場やボイラ排ガスの脱硝が上げられる．脱硝にはアンモニア接触還元法が使われている．ばいじんの発生源は，焼結工場が約30％を占め相対的に高い．焼結工場排ガスに対して，乾式，湿式の電気集じん器が設置されている．集じん極表面を常にブラシで清浄し，高い集じん効率を得ることができる移動電極型電気集じん器の採用により，ばいじん濃度を煙突前で25 mg/m^{3}Nで管理している焼結工場がある[6]．鉱石ヤードや石炭ヤードから発生する粉じん対策として散水を行っている．

ダイオキシン類対策特別措置法（1999年）において，製鉄所では焼結炉，電気炉，焼却炉が規制対象施設となった．また，コークス製造過程でベンゼンなどの揮発性有機化合物が生成される．自主管理のもとで排出抑制の取り組みが進められている．

7.4 製油所

製油所の工程はおおむね以下の通りである．原油は加熱炉内でチューブを通って320〜350℃に加熱され，精留塔に吹き込まれる．塔内では，常圧蒸留

により，塔上部（沸点の低いもの）から順にガス，LPG，ナフサ，灯油，軽質軽油，重質軽油，残油が分離する．ガスは加熱炉の燃料になる．LPGはガスやナフサと混合しているので，LPGだけを回収後，苛性ソーダやアミンで洗浄して硫黄分などの不純物を取り除いて製品にする．ナフサ，灯油，軽質軽油は水素化脱硫により硫黄分を低下させて製品にする．ガソリンは，ナフサを水素化脱硫した直留ガソリン，ナフサを水素化脱硫後に触媒のもとでオクタン価をあげた改質ガソリン，分解ガソリン，分解ガスのオクタン価を上げたアルキル化ガソリンを調合して製造される．この他に蒸気圧調整のためのブタン，さらにオクタン価を上げるために MTBE（methyl tertiary-butyl ether）が加えられる．重油の製造は 7.1 節に示した．

　加熱炉などへ蒸気を供給するボイラや加熱炉からは，硫黄酸化物，窒素酸化物，ばいじんが発生する．硫黄酸化物やばいじん対策として，自家燃料に低硫黄重油や製油所で副生される石油ガスを使用する．製油所で使用している自家燃料の平均硫黄分は，1970年頃は 1.5％ 程度であったが，最近では 0.5％ 以下になった．窒素酸化物については，低 NOx バーナや二段燃焼など燃焼法の改善によって発生が抑制される．また，石灰を利用した排煙脱硫装置，アンモニア接触の排煙脱硝装置が導入されている．ボイラや接触分解装置（7.1 節参照）にはサイクロンと電気集じん器が直列二段に設置される．水素化脱硫装置，重油脱硫装置から発生するガスに含まれる硫化水素を処理するために硫黄回収装置がある[7]．貯油タンクは浮屋根式を採用することによりベンゼンなど炭化水素の排出が抑制される．浮屋根式は，屋根を油面に浮かせることによって油と空気の接触を少なくし，蒸発損出や揮発性ガスの発生を抑える構造である．タンクローリ出荷時に発生する炭化水素は，膜分離方式の設備で回収されている．

7.5　ごみ焼却施設

　図 7-4 にごみ焼却施設の概要を示す．清掃車で受け入れられたごみは焼却炉で燃焼される．投入ごみの塩素量の増加とダイオキシン類生成の相関については議論があるが[8]，塩素を含んだごみを燃やせばダイオキシン類が発生する．

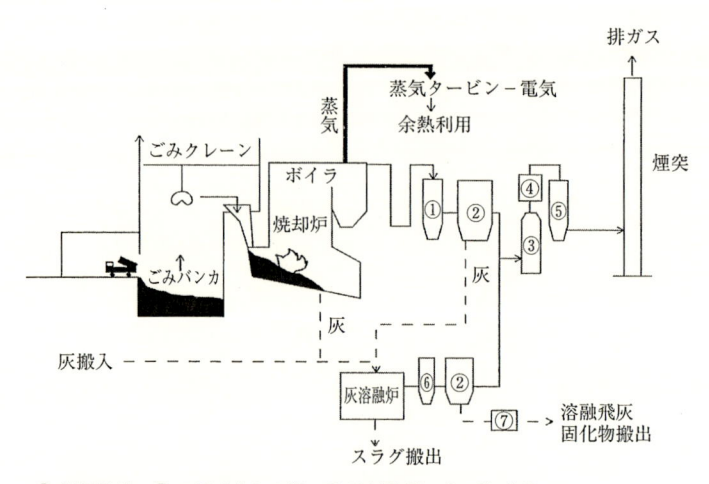

① 減温設備　② ろ過式集じん機　③ 洗煙装置　④ 再加熱器
⑤ 触媒脱硝装置　⑥ 冷却設備　⑦ 溶融飛灰処理設備
図7-4 ごみ焼却施設の環境対策設備

ごみにはいろいろな物が含まれるため燃焼管理が難しいが，ダイオキシン対策上は，850℃以上の高温で安定かつ完全燃焼させることが肝要である．

　ボイラで熱を回収し蒸気を発生させ，タービンを回して発電する．排熱は温水や蒸気利用されエネルギーの有効利用がはかられる．ボイラ排ガスは，ろ過式集じん機（バグフィルター），湿式有害ガス除去装置（洗煙装置），脱硝装置を経て，煙突から大気に排出される．ダイオキシン類は焼却炉だけでなく，集じん器でも発生する．集じん器で集められたフライアッシュ中の銅やコバルトなどの金属が触媒となって，排ガス中の炭素と塩素からダイオキシン類が生成する．これをデノボ（de novo＝新たに）合成という．デノボ合成は300℃以上で起こるため，集じん器入口温度を低温化することが求められている．そのため最近のごみ焼却施設では，200℃未満の低温運転が可能なバグフィルターが，電気集じん器に替わって採用されている．なお，ダイオキシン類をさらに除去するため，活性炭装置を加える施設がある．

　湿式有害ガス除去装置では，消石灰スラリや水酸化ナトリウム液に塩化水素，二酸化硫黄を吸収させる．脱硝装置はアンモニア接触法が一般に用いられる．また，燃焼過程に尿素を吹き込む無触媒脱硝方式を加えている施設もあ

7.5 ごみ焼却施設

表7-3 ごみ焼却施設の排ガスなどの諸元例

項 目	内 容	項 目	内 容
焼却炉（可燃ごみ）	150 t/日×2基	硫黄酸化物*	10 ppm
灰 溶 融 炉	60 t/日×2基	ばいじん*	0.01 g/m^3N
煙 突 高 さ	100 m	窒素酸化物*	50 ppm, 7.61 m^3N/h
ご み 収 集 車 両	270 台/日	塩化水素*	10 ppm
灰 搬 入 車 両	38 台/日	ダイオキシン類**	0.1 ng-TEQ/m^3N
スラグ搬出車両等	41 台/日	水銀*	0.05 mg/m^3N

＊：自己規制値，＊＊：法規制値
（データ出所：東京二十三区清掃一部組合，『世田谷清掃工場立替事業・環境影響評価書案のあらまし』(2001)）

る．表7-3にごみ焼却施設の排ガス諸元例を示す．

　焼却炉からの灰（ボトムアッシュ）と集じん器からの灰（フライアッシュ）は埋立てやセメント材として有効利用される．灰の埋立て量を半分に減容化するため，1200℃以上で加熱，溶融する灰溶融炉を備える施設もある．溶融により灰に含まれるダイオキシン類の99％以上は分解する．

参 考 文 献

1）石油連盟：石油製品のできるまで（1998）
2）電気事業連合会：環境とエネルギー 2004-2005（2004）
3）浮遊粒子状物質対策検討会，環境庁大気保全局大気規制課監修：浮遊粒子状物質汚染予測マニュアル，東洋館出版社（1997）
4）西澤庄蔵：日本鉄鋼業の環境対策，鉄鋼界，52.5, p.7～13（2002）
5）新日本製鐵：製鉄所のコークス炉ガスで液体水素を高効率生産，エネルギーフォーラム 50, p.65-67（2004）
6）厚雅憲：製鉄所における排煙処理技術，環境技術，32, p.89～93（2003）
7）石油連盟：今日の石油産業（2002）
8）酒井伸一：ゴミと化学物質，岩波新書（1998）

第 **8** 章

環境対策技術

19世紀初め，イギリスではアルカリ産業が盛んで，塩酸ガスによる大気汚染問題が深刻であった．リバプールのソーダ工場では，1823年に高さ90mの高煙突で排ガスの拡散を試みたが，実効はなかったといわれている[1]．1952年のロンドンスモッグの後，ロンドンの二つの発電所に排煙脱硫プラントが導入されたが，吸収液による排ガス温度の低下により，発電所周辺に煙が滞留した[2]．一方，わが国は1914年に当時世界一の高さ156mの煙突を日立鉱山に完成させ，煙害を解決した．また，1974年に四日市で当時世界最大容量70万m^3N/時間をもつ排煙脱硫装置を導入し，90〜95％の脱硫率をあげることができた．そして，これらの技術は世界の模範となった[2]．このように，わが国はイギリスで失敗した高煙突と排煙処理という二つの環境対策を成功に導いた歴史をもち，伝統的に優れた技術を保持している．

8.1 工程内処理と排煙処理

排煙対策は図8-1に大まかに示すように，工程内処理（in-process technology）と終末処理（end-of-pipe technology）に分けて考えることができる．この考えは排水対策の分野で使われていたが[3]，排煙対策にも適用できる[4]．終末処理は文字通り，大気汚染物質を環境に排出する直前に除去する技術で，排煙処理のことである．これに対し，より上流側の環境対策を工程内処理と呼び，燃料対策，省エネルギー・省資源，燃焼管理，設備構造改善が相当する．

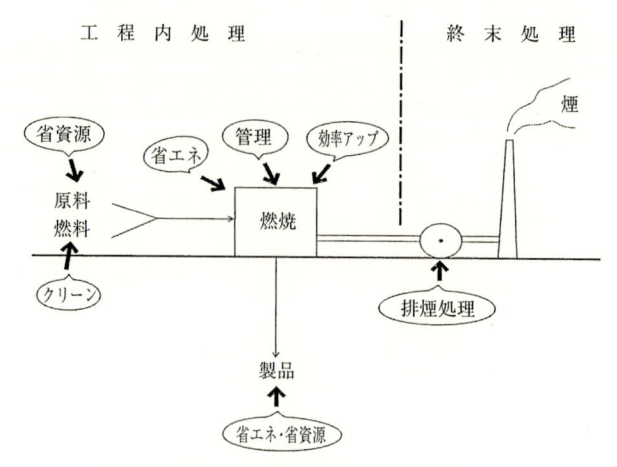

図8-1 工程内処理と終末処理

　近年，とくに工程内処理の重要性が強調されている．これは，排煙処理の発想に対する批判と排煙中から二酸化炭素を回収する技術（脱炭技術）が確立していないことが主な理由である．前者は，ごみ問題でいうと，無闇にごみを出して燃やし，出てきた排ガスを力まかせに処理するという発想でなく，ごみの量そのものを減らせというのである．この考えは重要であるが，ごみを全くなくすことはできないし，製造業だと生産活動をやめるわけにはいかない．現実問題として，低硫黄燃料やLNGへの燃料転換には限度があるし，これらを燃焼すれば相対的にクリーンとはいえ，大気汚染物質が発生する．これまで排煙処理が果たしてきた役割を考えると，排煙処理と工程内処理の両方をうまく活用していくことが重要である．

8.2　集じん技術

(1)　**重力，慣性力，遠心力集じん装置**
　重力集じん装置は，粒子が重力によって沈降する性質を利用したものである．排ガスが重力沈降室や長い煙道を通過する間に，粒子が沈降して除去される．慣性力集じん装置は，気流を急激に方向転換させたとき粒子に働く慣性力

8.2 集じん技術

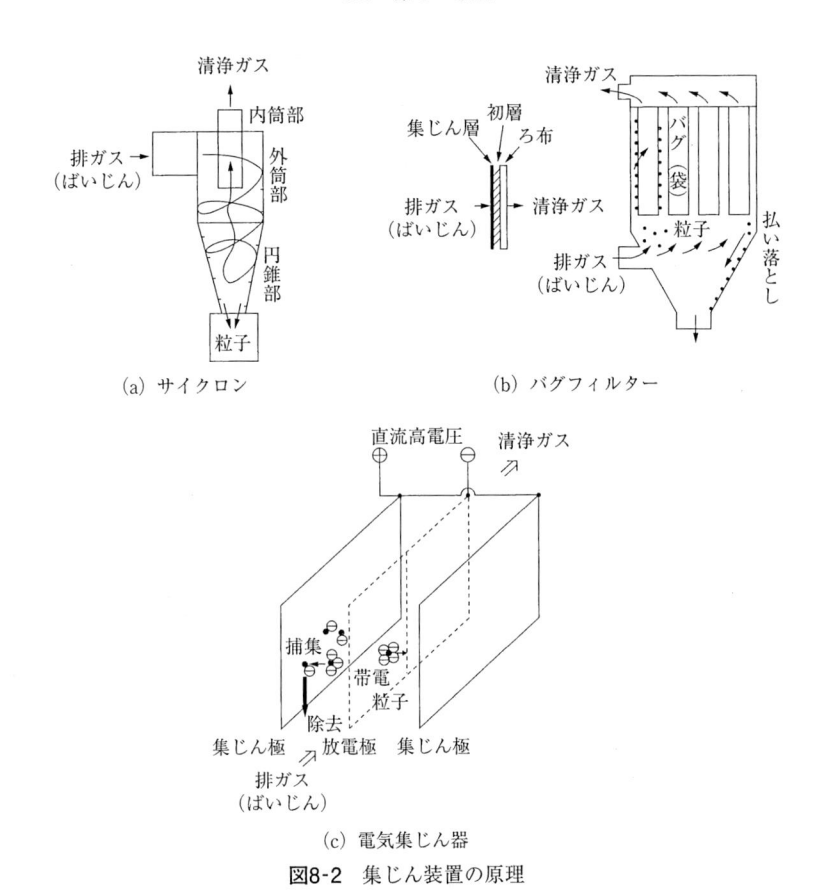

(a) サイクロン

(b) バグフィルター

(c) 電気集じん器

図8-2 集じん装置の原理

を利用している．気流をじゃま板に衝突させたり，反転させたりする方法もある．いずれの方法も大きな粒子には効果があるが，集じん性能はあまりよくない．高性能集じん装置の前処理用に使われる．

遠心力集じん装置は，ガスの旋回運動によって生じる粒子に働く遠心力を利用している．サイクロンは遠心力を利用した代表的な集じん装置で，図8-2 (a) に示すように，外筒部，内筒部，円錐部からなる．粒子を含むガスは外筒壁に接線方向に流入する．粒子は外筒部および円錐部の内壁に遠心力で衝突して除去される．清浄ガスは内筒部から排出される．入口管路の断面積が小さいほど小さい粒子を捕集できるので，小型のサイクロンを多数取りつけたマルチサイ

クロンがよく使われる．サイクロンで捕集できる粒径は数 μm 以上である．

(2) 洗浄集じん装置

排ガスを液滴，液膜と衝突，接触させて洗浄し，粒子を捕捉する装置である．洗浄塔，ベンチュリースクラバー，サイクロンスクラバーなどがある．洗浄塔は，塔内に水を噴霧しガスを低速で接触させるものである．ベンチュリースクラバーは，ベンチュリー管の縮流部にガスを高速で流し，加圧した水を噴霧する装置である．サイクロンスクラバーは，サイクロン内部に噴霧管を挿入した装置で，ガス中の粒子を液滴で洗浄し，その液滴を円筒壁に衝突させて回収する．ベンチュリースクラバーの集じん効率は洗浄集じん装置の中では最も高く，0.1μm 以上の粒子を捕集できる．

(3) ろ過集じん装置

排ガスをろ過材に通して粒子を捕集する方法である．粒子をろ過材の表面に付着した粒子の堆積層で捕集する表面ろ過方式とガラス繊維などを充填した内部で捕集する内面ろ過方式がある．後者は主に空調関係で使用されている．産業用に用いられているものは，前者の方式のバグフィルター（bag filter）である．バグフィルターは図 8-2 (b) に示すように，袋状につりさげたろ布に排ガスを通すことによって集じんする装置である．一般にろ布の目の方が処理粒子の径より大きい．運転開始後すぐ，ろ材に粒子が付着，重なり合って初層を作る．この間は数秒〜数分で集じん効率は悪い．しかし，初層がろ過層として働くと集じん性能がよくなり，0.1μm 程度の細かい粒子まで捕集できる．一旦形成された初層は，付着した集じん層を払い落としても残る．捕集効率を上げるため，あらかじめ粒子に荷電して捕集する静電バグフィルターも開発されている．

石炭を加圧容器の中で流動させて燃焼する加圧流動床複合発電や，20.3 節に示す石炭ガス化複合発電では，多孔体のセラミックフィルターが使用される．セラミックフィルターは，高温高圧集じんでは中心的な位置づけにあり，出口ばいじん濃度 1 mg/m^{3}N 以下を容易に達成できる[5]．

(4) 電気集じん器

電気集じん器 (electrostatic precipitator, EP) の原理を図8-2 (c) に示す．電極間に直流高電圧をかけると，空気の絶縁が破壊されてコロナ放電と呼ばれる気中放電が起こる．発生した正イオンは放電極で電荷を失うが，負イオンは粒子に負の電気を帯びさせる．負の電荷を帯びた粒子は，クーロン力により正の集じん極で捕集される．集じん極に付着，堆積した粒子は，槌打ち装置によりホッパへ落下させて除去する．これを後述の湿式 EP と区別する場合，乾式 EP と呼ぶ．電気集じん器はサブミクロン粒子の捕集が可能，99 % 以上の高い集じん効率が得られる，運転実績が豊富，バグフィルターより圧力損失が低く運転経費が安いという特長をもつ．重油焚き火力で硫黄分が 0.2 % 以上の燃料の場合，アシッドスマット（硫酸ミストが付着したばいじん）の発生防止と集じん性能の向上のため，電気集じん器の前でアンモニアを注入する[6]．集じん極に付着，堆積した粒子を洗浄水スプレーで除去する方式を湿式EPという．この湿式 EP を，乾式 EP，脱硫装置の後段に設置するシステムも稼働している．この場合，総合集じん効率は 99.9 % を超える．

8.3 脱硫技術

(1) 水素化脱硫

水素化脱硫は，原料油と水素を高温，高圧下，触媒のもとで反応させ，硫黄化合物を炭化水素と硫化水素に分解する方法である．ナフサ，灯油，軽油，重油の脱硫に利用されており，脱硫の過程で脱窒素，脱金属なども進行する．軽油の脱硫率を 90 % 以上にする深度脱硫では，従来法より圧力を高く，反応時間を長くしている[7]．重油の水素化脱硫には，直接脱硫と間接脱硫がある．直接脱硫は，常圧残油を水素化脱硫する方式である．常圧残油は脱硫されにくい多環芳香族の硫黄化合物を含む．また，触媒活性の低下を招くアスファルテン分やバナジウム，ニッケルなどの重金属有機化合物を含む．そのため，直接脱硫では，圧力や反応温度などの運転条件が厳しく，触媒の寿命が短い[8]．間接脱硫は，減圧軽油を水素化脱硫する方式である．減圧蒸留により脱硫を妨げる成分が減圧残油に移るため，間接脱硫の運転条件は直接脱硫より緩やかであ

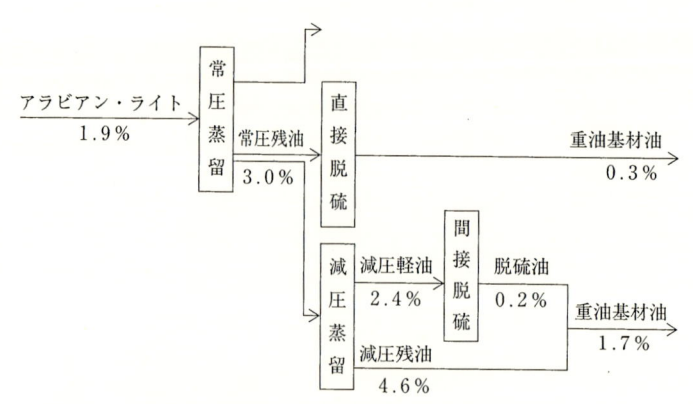

```
アラビアン・ライト      常圧           直接
   1.9%      →  圧   → 常圧残油  →  脱  → 重油基材油
              蒸       3.0%      硫      0.3%
              留
                                  
                       減圧軽油    間
                  減    2.4%    → 接  → 脱硫油
                  圧            脱    0.2%  → 重油基材油
                  蒸             硫            1.7%
                  留   減圧残油
                        4.6%
```

図8-3 直接脱硫と間接脱硫による重油の低硫黄化（硫黄分を%表示）
(出所：石油連盟，『石油製品のできるまで』，1998，をもとに作成)

る．図8-3に両方式の脱硫の程度を示す[8]．間接脱硫では，脱硫をしていない減圧残油と合わせて重油を調合するので，直接脱硫より硫黄分が高くなっている．

(2) 排煙脱硫

排ガス中の二酸化硫黄を除去する排煙脱硫には湿式法と乾式法がある．湿式法は，硫黄酸化物をアンモニアや水酸化ナトリウムなどの水溶液あるいは石灰などのスラリ（固液混合物）に吸収させる方法である．湿式法は技術的に確立されており，広く使われている．しかし，水不足のときに稼働できないという問題点があり，排水処理や白煙防止，効果的な排煙上昇のための加熱が必要である．乾式法は最近になって，石炭灰利用法，電子ビーム照射法，活性炭法などの技術開発が進み，一部実用化されている．

a. 湿式石灰石こう法

湿式石灰石こう法は，予め洗浄と除じんを行うための冷却塔を設置しない方式や，石こう生成のための酸化塔を別に設置する方式など幾つかのタイプがあるが，原理の概略は図8-4に示す通りである．ボイラからの排ガスは，ガス・ガスヒータで脱硫装置出口排ガスと熱交換を行い温度が下がる．温度が下がった排ガスは吸収塔に入って，二酸化硫黄は噴霧されたスラリにより吸収され，石こう（$CaSO_4 \cdot 2H_2O$）として回収される．このときの反応は以下の通りで

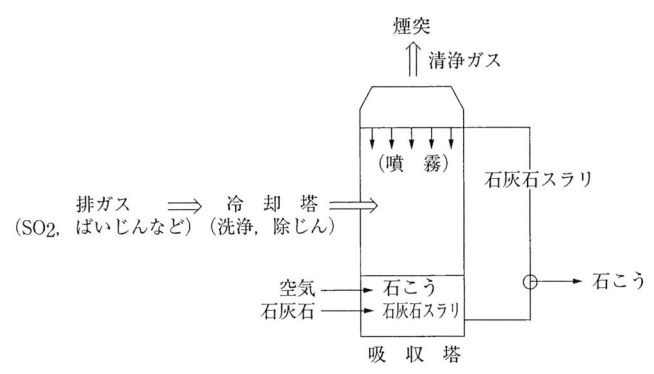

図8-4 排煙脱硫装置（湿式石灰石こう法）の原理

ある．

$$CaCO_3 + SO_2 + \frac{1}{2} O_2 + 2H_2O \rightarrow CaSO_4 \cdot 2H_2O + CO_2 \quad (8.1)$$

湿式石灰石こう法は，脱硫率が90％以上と高く，同時に塩化水素などの有害ガスやばいじんの除去ができ，長年にわたる実績があることから，高い信頼が置かれている．

b. 水酸化ナトリウム／亜硫酸ナトリウム水溶液吸収法

排ガス中の SO_2 は次の反応により水酸化ナトリウムに吸収される．

$$2\,NaOH + SO_2 \rightarrow Na_2SO_3 + H_2O \quad (8.2)$$

亜硫酸ナトリウム（Na_2SO_3）はさらに SO_2 を吸収して，以下に示す反応により亜硫酸水素ナトリウム（$NaHSO_3$）になる．

$$Na_2SO_3 + H_2O + SO_2 \rightarrow 2\,NaHSO_3 \quad (8.3)$$

亜硫酸ナトリウムは，酸化させて硫酸ナトリウムにして排水放流したり，濃縮，脱水して固体として回収したりする．また，亜硫酸水素ナトリウムに石灰石や消石灰を添加して石こうを製造したり，亜硫酸水素ナトリウムを加熱分解して高濃度の SO_2 を放出させて硫酸として回収したりする．

c. アンモニア水溶液吸収法

排ガス中の SO_2 をアンモニア水溶液に吸収させ，硫酸アンモニウム（硫安）や石こうを回収する方法である．

d. 水酸化マグネシウムスラリ吸収法

$Mg(OH)_2$ のスラリで SO_2 を吸収し，生成した亜硫酸マグネシウム（$MgSO_3$）

を酸化して硫酸マグネシウム（MgSO₄）として排水，放流する．

e. 乾式法
　石炭灰と石こう，石灰から作った脱硫剤や活性炭吸着を利用した乾式脱硫装置が石炭火力発電所で実用されている．前者は90％以上，後者は95％以上の脱硫率が得られている．

　最近，注目されている技術に，電子ビーム照射による排煙処理がある．これは，電子ビーム照射により生成した反応性の高いラジカルにより，硫黄酸化物と窒素酸化物が硫酸，硝酸に酸化され，硫酸アンモニウム，硝酸アンモニウムとして回収されるものである．ダイオキシン類の分解技術としても有望である．現在，実プラントで技術的，経済的評価が行われている．

f. 簡易法
　途上国の環境問題の観点からは，排煙処理の性能は少し落ちても，簡易な装置の開発が求められる．脱硫のための吸収塔と煙突が一体になった煙突組込型湿式脱硫技術，排ガスを水平に流すことによりダクトの立ち上げ下げをなくした高速水平流湿式脱硫技術，ダクト内に吸収剤を噴霧するイン・ライン型湿式脱硫技術，吸収剤スラリを排ガスの熱により水分蒸発させることによって排水処理を不要にした半乾式脱硫技術がある[9]．これらの技術では70～80％の脱硫率が確保される．

(3) 炉内脱硫
　加圧流動床複合発電では，流動床ボイラに燃料の石炭と一緒に石灰を投入するため，炉内で脱硫が起こる．そのため，脱硫装置が不要である．

8.4 低NOx燃焼技術，脱硝技術

(1) 低NOx燃焼
a. 二段燃焼法
　二段燃焼法では，燃焼用の空気を二段に分けて供給する．一段目のバーナ口では，空気比0.85～0.9（85％～90％）で燃焼させ，バーナ上部の二段目で不足の空気（空気比0.1～0.15）を補う．空気比がバーナ周辺で1より小さ

いことによる酸素濃度の低下と炎が長くなることによる温度の低下が，窒素酸化物の発生を抑える．一段目の空気量を少なくすることによって窒素酸化物の発生は減少するが，未燃分（ばいじん）が増加する点が悩ましい．

b. 排ガス混合法

排ガス混合法は，燃焼用空気にボイラ排ガスを混合して酸素濃度，燃焼温度を低下させることにより，窒素酸化物の発生を抑える．Fuel NOx はあまり低減できない．

c. 低 NOx バーナ

燃料と空気の供給にさまざまな工夫をしたバーナである．低 NOx バーナには，バーナ口近くの NOx 生成が盛んな揮発分燃焼領域の酸化雰囲気の抑制，温度の低下をはかる方式と，生成した NOx を揮発分燃焼領域の後流に形成した還元雰囲気の炎で分解，低減する方式がある[6]．後者の方法は，未燃分の低減にも効果がある．

(2) 排煙脱硝

排ガス中の窒素酸化物の大部分は水やアルカリ溶液に溶けない一酸化窒素であるため，脱硝には乾式の装置が用いられる．

a. アンモニア選択接触還元法

還元剤を添加して，触媒の存在下で NOx を N_2 に還元する方法である．還元剤と NOx の反応が，還元剤と排ガス中に共存する O_2 や SO_2 の反応より速く進む場合は，NOx を選択的に還元することができる．一般に用いられる方

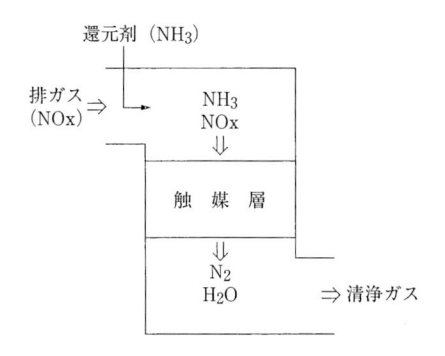

図8-5 排煙脱硝装置（アンモニア選択接触還元法）の原理

法は，アンモニア選択接触還元法である．図8-5に原理の概要を示す．この方法は，還元剤にアンモニアを用い，触媒上（接触）で窒素酸化物を窒素に還元するものである．触媒には，担体としてチタン，アルミニウムなどの多孔質セラミックが使われ，活性成分として金属酸化物が担持されている．本方法の特長として，脱硝率は80〜90％以上と高いこと，運転が容易でトラブルが少なく信頼性が高いこと，排水処理や排ガス再加熱の必要がないこと，副生品がでないことなどがあげられる[10]．

b. 無触媒還元法

アンモニア選択接触還元法を触媒なしで行う方法である．NH_3を還元剤としてNO_xからN_2に還元する方法は，800〜1000℃の高温であれば触媒なしで進行する．脱硝率はよくない．

c. 尿素還元法

エンジン排ガス中に還元剤として尿素水を噴霧し，触媒層を通して，NO_xをN_2とH_2Oに分解する方法である．尿素はアンモニアと比べて取り扱いが容易なので，都市部のコ・ジェネレーションに導入されている．無触媒で行うこともある．

d. 吸着剤

道路トンネル内では，自動車排ガスのNOをNO_2などに酸化後，多孔質体に吸着させる方法が開発されている．

e. 同時脱硫脱硝法

排煙脱硫の項で述べた活性炭吸着法や電子ビーム照射法がある．

参考文献

1) 大場英樹：環境問題と世界史，公害対策技術同友会（1979）
2) 吉田克己：四日市公害，柏書房（2002）
3) 中西準子：水の環境戦略，岩波新書（1994）
4) 市川陽一：固定発生源からの大気汚染物質の対策技術，環境技術，32, p.81〜83 (2003)
5) 電力中央研究所：石炭ガス化複合発電の実現に向けて，電中研レビュー No.44, p.62〜66 (2001)
6) 瀬間徹監修：火力発電総論，第5章 環境保全技術，電気学会・オーム社（2002）
7) 小西誠一：石油のおはなし，日本規格協会（1999）
8) 石油連盟：石油製品のできるまで（1998）

9) 火力原子力発電技術協会：火力発電所の環境保全技術・設備，VII. 脱硫・脱硝の新技術，p. 121～138（2003）
10) 火力原子力発電技術協会：火力発電所の環境保全技術・設備，VI. 脱硝設備，p. 99～120（2003）

第9章

自動車と大気汚染

　自動車から排出される汚染物質としては，エンジンからの排気，燃料であるガソリン（炭化水素）の蒸発，タイヤやブレーキなどの摩耗による粒子状物質がある．また，自動車本体からではないが，スパイクタイヤによって削られた路面からの粉じんなどもある．

　動力を得るための機関の内部に燃焼室をもち，そこで得られた高温高圧ガスを直接利用する機関を内燃機関というが，内燃機関には乗用車などに用いられるガソリンエンジンと，主としてバス，トラックなどの大型車に用いられるディーゼルエンジンがある．

9.1　ガソリン車

　ガソリンエンジンでは，空気と燃料を気化器内で一定の割合で混合し（混合気の中での空気と燃料の重量比を空燃比という），その混合気を燃焼室内へ導入して，電気火花で着火（スパーク点火）する．

　ガソリン車では，排気管から排出されるガス中に，一酸化炭素（CO），窒素酸化物（NOx），炭化水素（HC）が多く含まれている．この他に燃料タンクからのガソリンの蒸発とクランクケースからの混合気の洩れ出し（ブローバイガスという）がある．しかし，今日では十分な防止対策がとられ，このような炭化水素の放出は非常に少なくなっている．

　ガソリンは多種類の炭化水素の混合物であり，代表的なガソリンの組成を

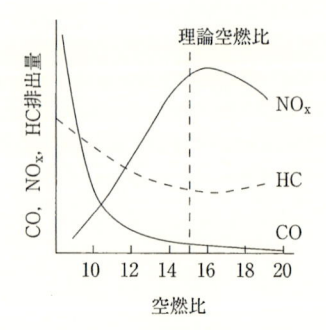

図9-1 空燃比と自動車排出ガス量の関係

CxHyとすれば，x：y = 1：1.85 程度であるので，$CH_{1.85}$ の酸化反応は，
$$CH_{1.85} + 1.46 O_2 \rightarrow CO_2 + 0.925 H_2O$$
で表される．空気中の酸素の割合は21％であるから，ガソリン1gに対して空気14.6～14.7gの割合で混合することによって，ガソリンは完全燃焼する．ガソリンと空気の混合比率のことを空燃比といい，完全燃焼できる混合気のことを化学量論的混合気という．

4サイクル・ガソリンエンジンでは，空燃比によって，CO，炭化水素（HC），NO_x の排出量は図9-1のように大きく変化する．燃料が多く空気の少ない状態（これをリッチという）では排ガス中に未燃焼の炭化水素やCOが多くなる．なお，燃料が少なく空気が多い状態をリーンという．NO_x は空燃比が化学量論的混合気に近く，良好な燃焼状態のときに最も多くなる．

9.2　ディーゼル車

ディーゼルエンジンでは，吸入した空気のみを圧縮して，高温高圧にした燃焼室内の空気に燃料（軽油）を霧状に噴射して，自己着火させる．このため，ガソリンエンジンよりも空気過剰な状態（空燃比の大きい状態）で運転される．そして，不均一混合気の燃焼となるため，局所的に酸素欠乏の所が生じて，燃料の炭化水素より炭素の粒子が多く発生し，ディーゼル排気特有の黒煙を生ずる．このディーゼル車から排出される粒子状物質はディーゼル排気粒子

(diesel exhaust particles, DEP) と呼ばれており，人に対する発ガン性や花粉症との関係が強く示唆されている．DEP の主要成分は①炭素成分（黒煙，すす），②可溶有機成分（soluble organic fraction, SOF）③硫酸イオン粒子（サルフェイト）であり，その大部分は粒径 $2.5\,\mu\mathrm{m}$ 以下の微小粒子状物質である．

　ディーゼルエンジンは，燃焼室内へ直接に燃料を噴射する直接噴射式（直噴式）と，燃焼室の前に予燃焼室あるいは渦流室と呼ばれる副室を設置して，副室内へ燃料を噴射する副室式がある．直噴式は熱効率や燃費はよいが，騒音・振動が大きく，重量が重い．このため，直噴式は大型のバス，トラックなどに用いられる．一方，副室式は直噴式よりも若干燃費は劣るが，軽量，小型化が容易であるため，中・小型のバス，トラックに用いられる．

9.3　自動車交通と大気汚染

(1)　自動車による大気汚染

　わが国の多くの都市では，1970 年以降，道路沿道においても，それ以外の場所においても一酸化炭素（CO）濃度は急激に低下し，東京においては 1983 年度以降すべての測定局で環境基準を達成している．一方，窒素酸化物については，ガソリン車からの排出規制強化にもかかわらず，大型ディーゼル車の増加などによって，環境濃度はあまり低下していない．

　現在までに考えられている道路沿道の汚染対策としては，次のような方法がある．

　①　発生源対策：排出ガス規制など
　②　交通対策……交通流円滑化対策：交差点の立体化，交通管制システムの
　　　　　　　　　整備など
　　　　　　……交通量抑制対策：公共交通機関への誘導，物資輸送の合理
　　　　　　　　　化など
　③　道路構造対策：環境施設帯（グリーンベルト）の設置，遮音壁の設置など

(2)　自動車からの大気汚染物質の排出

　自動車から排出される大気汚染物質は車の種類などによっても異なるが，車の走行状態によっても変わる[1]．この車の走行状態は一般的に，加速，定速，

減速，停止の4種類に分類され，これらを走行モードともいう．

　自動車からの大気汚染物質の排出量を求めるには，大型のベルトコンベアのような装置の上で，ある定められた走行モードに従って自動車を運転し，排気管からのガスの量とガス中のCO，NOxなどの濃度を計測するシャーシーダイナモ試験（台上試験ともいう）を実施することが必要である．ここで，自動車の排出係数（エミッション・ファクター（EF）という）は車1台が一定時間走行したときの排出量（g／台・sec）または車1台が一定距離を走行したときの排出量（g／台・km）で求められる．

　実際の道路上での自動車の走行状態は加速，定速，減速，停止の組合せになっていて，道路の状況，信号系統，混雑状況などにより，この組合せの割合が変化する．しかし，多くの場合，平均速度（停止時間も含めて，一定区間を通過するのに要した時間で距離を割った値）の関数によって，大気汚染物質の排出係数を表現することができる（図9-2参照）．

　自動車排出ガスの規制や排ガス対策の効果を確認するためにはシャーシーダイナモメータの上での走行テストを行う必要があるが，すでに述べたように走行モードが一定でないと，客観的な優劣の比較や規制基準を満足しているか否かの判断ができない．そこで，日本，アメリカなどの国々では，それぞれ法令で定められた走行モードのパターンがある．

　ある実際の道路からの大気汚染物質の排出量を推計するためには，次のようなプロセスが採用される．

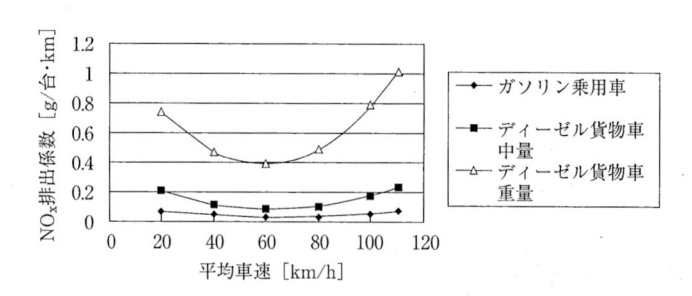

図9-2　平均車速による大気汚染物質排出量の変化
　　　　（排出係数は文献2より，中量貨物車は2t，重量貨物車は4tと仮定）

① 対象道路の交通量Qと平均車速V（あるいは走行モードのパターン）を計測する．
② 平均車速（あるいは走行モード・パターン）より車種ごとの大気汚染物質排出係数EFを求める（図9-2参照）．
③ 上記の交通量Qと排出係数$EF(V)$より排出量を次式で計算する．

$$排出量 = \sum_i Q_i \cdot EF(V_i)$$

ここで，係数iは車種の番号である．なお，毎年，新しい規制適合車の割合が増加するので，実際には，車種ごとに車令（初度登録年からの年数）の分布についての情報なども必要になる．

9.4 自動車排出ガス低減対策

(1) 排ガス規制の動向

わが国では1973年に大気汚染防止法に基づくNOx規制が始まり，それ以後，図9-3に示すように段階的に強化されている[3]．1980年代，NOxを中心とした排ガス規制では日本が先行していたが，1990年代に入り，大気清浄法の改正などに伴い，アメリカの排ガス規制は大幅に強化された．また，アメリカおよび西ヨーロッパでは健康影響の面から毒性の強いディーゼル排気粒子等に

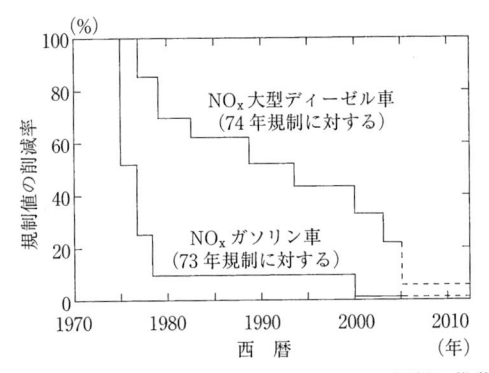

図9-3 わが国の自動車排出ガス（NOx）規制の推移

ついての規制が厳しいのも特徴である.

わが国では，主として固定発生源を対象とした窒素酸化物総量規制や自動車排出ガスの規制強化にもかかわらず，東京，大阪などの市街地では窒素酸化物の環境基準が達成できない状態が続いている．この原因は主として自動車交通量の増加，ディーゼル車の大型化などによるものと考えられている．このため，1992年に「自動車から排出される窒素酸化物の特定地域における総量の削減に関する特別措置法」（通称，自動車NOx法）が制定された．その後，粒子状物質が注目されるようになり，2001年に改正され，自動車NOx・PM法が成立した．この法律では，首都圏，愛知・三重圏および大阪・兵庫圏の対策地域において，自動車から排出される窒素酸化物および粒子状物質について総量削減計画を策定し，車種規制，自動車使用の合理化指導などを行うことによって，2010（平成22）年度までにNO_2および浮遊粒子状物質の環境基準をおおむね達成することを目標として，対策を講ずることを目的としている[4].

さらに，東京都では，「都民の健康と安全を確保する環境に関する条例（環境確保条例）」によりディーゼル排気粒子DEPについて独自の基準を設定するとともに，基準を満たさないディーゼル車の都内での走行を禁止した．その後，神奈川，埼玉，千葉でも同様の条例が施行され，首都圏ではディーゼル排気による大気汚染対策を強化している[5].

(2) ガソリン車の対策

ガソリンエンジンでは発生メカニズムの異なる排ガス中のCO, HC, NOxの同時制御が課題であるが，これにはエンジン内での発生の抑制とエンジンより後段での排ガス浄化の2通りの方法があり，現在のガソリン車では，以下に示すような技術が採用されているが，cの触媒による排ガス浄化がその中心である．

　a　空燃比の制御：ガソリンエンジン排気中のCO, HC, NOx量は図9-1に示すように空燃比によって大きく変わるので，空燃比を理想的な状態に維持することは，排ガス対策として有効である．

　この空燃比の精密制御は3元触媒の効果を最大限に高めるために不可欠な技術であり，排気中の酸素（O_2）濃度を検出できるO_2センサーとO_2センサーからの情報に基づいて燃料噴射量を制御できる電子制御燃料噴射システムの採

用により可能となる．

　b　**排ガス再循環**：排ガスの一部を吸気側へ戻すことによって，空気中の酸素濃度を下げて，これによって燃焼温度を低下させ，NOx 発生を抑制する方法を排ガス再循環（exhaust gas recirculation, EGR）と呼んでいる．

　c　**触媒による排ガス浄化**：今日では，CO と HC を除去するための酸化触媒，NOx を低減するための還元触媒よりも，CO，HC，NOx の 3 成分を同時に除去するための 3 元触媒が多く用いられている．触媒としては白金，パラジウムや希土類金属が用いられる．

　d　**コールドスタート対策**：自動車排出ガスを総合的に低減するためには，3 元触媒の温度が十分に上昇するまでのエンジン始動直後の排ガス対策が重要である．

　e　**希薄燃焼エンジンと希薄燃焼触媒**：ガソリンエンジンでは，理論空燃比の近辺で燃焼することで 3 元触媒の効果を確保していたが，より希薄側の空燃比で運転できれば，NOx 発生量自体も減らすことができ，燃費向上，および地球温暖化原因物質である二酸化炭素（CO_2）の低減にも効果がある．

　f　**燃費向上**：同じ燃料使用量で走行距離が伸びると，全体としての汚染物質排出量は反比例して少なくなる．そして，従来からの CO, HC, NOx 対策のみではなく，新しい CO_2 低減という見地からもさらなる燃費向上が期待されている．このための方法としては，希薄燃焼などの燃焼改善，動力伝達効率の向上，空力抵抗低減，軽量化，エネルギー生回などが考えられる．

(3) ディーゼル車

　ガソリン車における CO と NOx の関係と同様に，ディーゼル車の粒子状物質（黒煙）と NOx は一方を減らすと他方が増加する傾向にある（図 9-4 参照）[6]．黒煙を低減するためには，完全燃焼が必要であるが，燃焼状態が良好で高温になるほど，NOx の発生量は増加する．軽油中の硫黄分が十分に低くない現状において実用化されている NOx 対策の多くは燃焼温度を下げることであり，このために噴射時期を遅らせる方法などが採用されている．さらに，粒子状物質の増加を防ぐために噴射圧力の高圧化，圧縮比の上昇などの方法も併用されている．

　ディーゼル車排出ガスの浄化には，エンジン改良や排ガス浄化システムと同

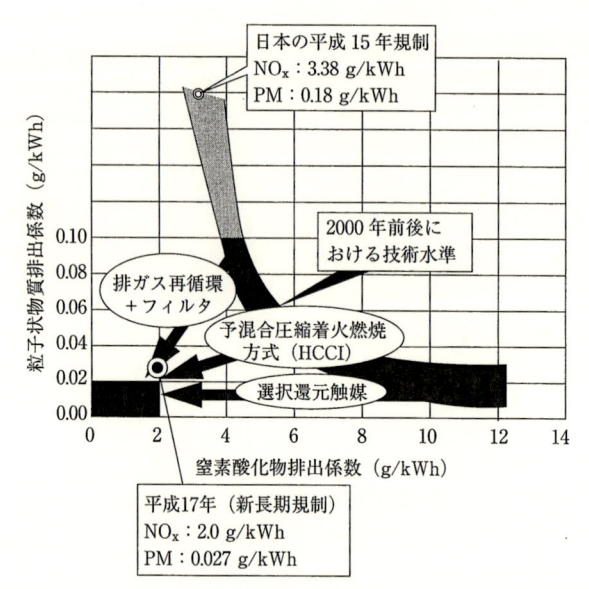

図9-4 ディーゼル車・排出ガスの粒子状物質（PM）・窒素酸化物（NO$_x$）
（出所：データの一部は文献6より引用）

様に燃料性状の改善が不可欠である．現状の軽油中硫黄分は50 ppm（0.005％）程度であるが，将来的には，10 ppm程度まで低減することが検討されている．これにより，現在ディーゼル排気粒子中に数％含まれている硫酸イオンを低減することが可能となり，粒子状物質の発生量を減少することができる．さらに，排ガス再循環（排ガス中の硫酸イオンのためにバルブ等の各機関が腐食して，耐久性が低下する）やNOx触媒（硫酸イオン粒子，SO$_2$ガスのために触媒の効率や耐久性が低下する）などのNOx対策のための多くの技術を利用できる可能性が高まることになる．また，最近では，尿素水を噴射して，選択還元反応によりNOxを削減する尿素SCR（selective catalytic reduction）システムも開発され，平成17年（新長期）規制に適合した大型トラックも発売されている[7]．その他の対策技術の概要を以下に示す．

　a　**コモンレール**：高圧燃料を蓄圧室（コモンレール）に蓄えて，最適な量を最適なタイミングで多段階に分けて噴射する方式である．燃料噴射の電子制御システムにより，短時間に複数回（例えば，0.001秒に5回）の燃料噴射が可能であり，上死点直前での高圧燃料の主噴射により粒子状物質の発生を抑制

できる[8]．さらに，初期の噴射による騒音低減，後期の噴射での炭化水素によるNOx還元も期待できる．

　b　ディーゼル排気微粒子除去フィルター：エンジンの後段に装着して排気中の粒子状物質を濾し取る装置がディーゼル排気微粒子除去フィルター（DPF）である．DPFに捕捉される粒子が多くなると，圧力損失の増大により燃費の悪化，エンジンの不調などの悪影響が現れるので，何らかの方法でフィルターの再生が必要になる[9]．

　c　予混合圧縮着火燃焼方式：燃料と空気の混合度合いを高めていくと，粒子状物質とNOxのトレードオフ領域を越えて，両者を同時に低減させることができる領域に入る．この領域では，粒子状物質とNOxの同時低減が期待できるが，燃料噴射のタイミングと噴射方法についての高度の技術が要求される．このような燃焼方式を予混合圧縮着火燃焼方式（homogeneous charge compression ignition, HCCI）と呼んでいる[8]．

(4) 低公害自動車

　燃料性状の改善にとどまらず，燃料自体の変更も自動車排ガス対策として考えられている．とくに，まったく大気汚染物質を排出しない電気自動車などはゼロ・エミッション車と呼ばれる．また，ガソリン，軽油以外のメタノール，天然ガス，水素などの燃料を使用する車は代替燃料自動車と呼ばれる．当初，メタノール車は最も期待のもたれた車であったが，排ガス中のアルデヒドなど新たな有毒成分の問題が生じている．市街地における自動車排出ガスによる大気汚染を防止するという観点からは，まったく排出ガスのない電気自動車が最

表9-1　低公害車の性能比較[10]

	天然ガス自動車	電気自動車	メタノール自動車	ハイブリッド自動車
NOx, PM低減効果	NOx低減効果　大 PM低減効果　有り	ゼロエミッション	NOx低減効果　大 PM低減効果　有り	NOx低減効果　大 PM低減効果　有り
車両価格（ガソリン車に対する比率）	1.4-2倍	2-3.5倍	2-3倍	1.4-3倍
ランニングコスト（燃料費）	軽油と同程度	ガソリン車の1/3程度	ガソリン車の1/2程度	ガソリン車の1/2程度

（データ出所：(財)運輸低公害車普及機構，資料，http://www.levo.or.jp/research/rsc03-01.html）

も良好であるが，充電の手間，バッテリー寿命，一回の充電当りの走行距離の問題など，今後に解決すべき課題も多い（表9-1参照）．

エンジンと電気モーターを組合せることで，双方の利点を生かして，燃費の向上と排出ガスの低減が図れる．このように，2つ以上の動力機関を有する車をハイブリッド車と呼んでいる．また，水素と酸素を反応させて発電する燃料電池は自動車の動力源として技術的，経済的にも課題が残されているが，この燃料電池自動車に対する期待は大きい．

参 考 文 献

1) 影山久：大気汚染と自動車排気ガス，技術書院（1970）
2) 道路環境研究所編：道路環境影響評価の技術手法，第2巻（2000）
3) 岡本眞一：道路沿道での大気環境対策についての現状と課題，高速道路と自動車 vol. 46, No. 6, p. 11～17（2003）
4) 環境省，環境管理課：「自動車NOx・PM法の手引き」パンフレット，http://www.env.go.jp/air/car/pampf2/（2002）
5) 東京都環境局：ディーゼル車規制総合情報サイト，http://www2.kankyo.metro.tokyo.jp/jidousya/diesel/index.htm（2005）
6) H. Eichlseder and A. Wimmer, Potential of IC-engines as minimum emission propulsion system, proc. 11th Int. Conf. "Transport and Air Pollution", p. 1～8（2002）
7) 日経プレスリリース，http://release.nikkei.co.jp/print.cfm?relID=102799（2005）
8) 小川英之，清水和夫，金谷年展：ディーゼルこそが地球を救う，ダイヤモンド社（2004）
9) 横田久司：ディーゼル排気微粒子除去フィルターの現状と課題，環境技術ライブラリ，http://e-tech.eic.or.jp（1994）
10) (財)運輸低公害車普及機構：低公害車についての技術的情報，http://www.levo.or.jp/research/rsc03-01.html（2004）

第10章

大気環境の計測技術

　環境汚染の防止を考える場合に，重要なことは，汚染物質が環境中へ排出され，伝播し，変質し，除去されていく過程を正確に把握することである．この環境中の汚染物質の濃度の計測技術を概説する．

　発生源で排出ガス中の高濃度の化学物質を計測する場合と一般環境中での低濃度の測定では，同一物質でも濃度レベルや周囲の雰囲気により方法が異なる場合がある．また，科学技術や産業の発達に伴い，新しい環境リスクはますます増大しており，環境計測技術も常に進歩が必要である．未知の環境リスクの評価手段の開発など計測技術の進展に対する期待も大きい．

10.1　ガス状大気汚染物質

　大気中に含まれる微量のガス状大気汚染物質を測定する際に，対象物質と特定の反応を起こす化学成分を含む溶液に一定時間（一般的には1時間）大気を暴露する湿式法が初期の段階から採用されてきた．二酸化硫黄の溶液導電率法，二酸化窒素と光化学オキシダントの吸光光度法である．計測技術の進展により濃度を瞬間的に測定する乾式法（紫外線けい光法等）も採用されている．

　大気汚染物質のうち，トリクロロエチレン等の有機溶剤は衣類洗浄，半導体製品の製造過程での洗剤として一般的に使用され，環境中への漏洩が問題となり，1997年に環境基準とそのための測定法が制定された．その後，ダイオキシン類とジクロロメタンが追加された．これらの物質の環境中での濃度はさら

表10-1 環境基準の設定されている物質の測定方法[1]

大気汚染に係る物質	
二酸化硫黄	溶液導電率法又は紫外線蛍光法
一酸化炭素	非分散型赤外分析計を用いる方法
浮遊粒子状物質	濾過捕集による重量濃度測定方法又はこの方法によって測定された重量濃度と直線的な関係を有する量が得られる光散乱法,圧電天びん法若しくはベータ線吸収法
二酸化窒素	ザルツマン試薬を用いる吸光光度法又はオゾンを用いる化学発光法
光化学オキシダント	中性ヨウ化カリウム溶液を用いる吸光光度法若しくは電量法,紫外線吸収法又はエチレンを用いる化学発光法
有害大気汚染物質等	
ベンゼン	キャニスター又は捕集管により採取した試料をガスクロマトグラフ質量分析計により測定する方法を標準法とする.また,当該物質に関し,標準法と同等以上の性能を有すると認められる方法を使用可能とする.
トリクロロエチレン	
テトラクロロエチレン	
ジクロロメタン	
ダイオキシン類	ポリウレタンフォームを装着した採取筒をろ紙後段に取り付けたエアサンプラーにより採取した試料を高分解能ガスクロマトグラフ質量分析計により測定する方法.

に微量であるため,計測現場での実時間での測定法が無く,試料大気をキャニスター等に採取し,実験室でガスクロマトグラフ質量分析計により濃度を測定する.

わが国では環境基本法に基づき大気汚染に係る物質の濃度の環境基準を設定し,告示により表10-1に示すような測定方法を定めている[1].これらの測定では基準となる測定時間を1時間とする場合が多い.悪臭や有害化学物質の漏洩時の対策を考慮すれば瞬間値の測定が重要である.

10.2 浮遊粒子状物質

大気中に浮遊している固体および液体の物質を総称してエーロゾル (aerosol) という.このうち粒径が10マイクロメータ (μm) 以下の粒子状物質を浮遊粒子状物質とし,呼吸器系への健康影響から環境基準がある.浮遊粒子状物質の濃度はろ紙(フィルター)に試料大気を通過させ粒子状物質をろ

紙上に捕集（濾過捕集）し，測定前後のろ紙の重量差から重量濃度 mg/m^3 を求める手法を標準としている．試料大気を毎分 1 m^3 程度の流量で数時間から1日程度の期間通過させるハイボリュームサンプラと，毎分 20〜30 ℓ の流量で数日から1ヶ月程度通過させるローボリュームサンプラが多く用いられる．この「濾過捕集による重量濃度」と直線的な関係が得られている光散乱法，圧電天秤法，β 線吸収法による測定値も浮遊粒子状物質濃度として認められている．

浮遊粒子状物質中に含まれる各種の化学成分量も重要な要素である．このような化学成分の分析では，採集試料を直接あるいは加熱，抽出などの前処理後に分析装置へ導入して測定する．化学成分の分析方法を表 10-2 に示す．中性子放射化分析は，粒子状物質を捕集したろ紙に中性子を照射し，活性化した元素が放出する γ 線の波長別強度から各種の元素濃度を測定する．

浮遊粒子状物質の形状的な特徴は顕微鏡で調べる．また，浮遊粒子状物質の粒径ごとの濃度はアンダーセンサンプラなどの慣性衝突方式や多段形の分粒装置により粒径ごとに分離捕集して測定する．

10.3 リモートセンシング

大気中の微量成分の濃度や温度などの気象要素を離れた場所から電磁波や音波を利用して計測するリモートセンシング技術が進歩している．とくに人工衛

表10-2 浮遊粒子状物質中の化学成分の分析

成分	前処理	分析法
有機化合物（一般）	溶媒抽出	ガスクロマトグラフ（GC），GC-MS
〃 （多環芳香族炭化水素）	〃	薄層クロマトグラフ，高速液体クロマトグラフ（HLCG）
イオン成分（SO_4^{2-}, NO_3^-, NH_4^+ など）	水または溶液抽出	イオンクロマトグラフ（IC），化学分析
金属成分（重金属など）	灰化後，酸抽出	原子吸光分析（AA），誘導結合プラズマ発光分光分析（ICP）
各種元素（Si, S, Pb など）	—	蛍光X線分析（XRF），荷電粒子励起X線分析（PIXE）
〃 （Pb などを除く多くの元素）	—	中性子放射化分析（INAA）
炭素成分（元素状炭素，揮発性炭素）	—	熱分析

星に搭載した機器による地球的規模での大気の状態や地球環境の計測に有効である．

1960年代に煙突から排出される煙の上昇高さや拡がり幅を調査するために煙流の写真撮影や航空機による濃度測定が行われた．煙流にレーザー光線を発射し，煙の粒子による反射光の強度から煙流の断面形状（粒子群の位置と密度）を計測するレーザーレーダ（ライダ）技術が開発された．二酸化硫黄による吸収率の異なる2つの波長のレーザー光線を用いて，それらが煙流から反射する強度の差から二酸化硫黄濃度を測定する差分吸収型ライダ（differential absorption lidar，DIAL）も開発された[2]．

オゾンによる紫外光領域での差分吸収を利用して太陽光の測定から大気層のオゾン濃度を地上で測定するドブソン分光計がある．この分光計は，オゾンにより吸収される波長305.5 nmと吸収されない325.0 nmの紫外線の強度差からオゾン量を測定する．地上から太陽光で測定した場合，光路上の大気中のオゾンの全量を測定したことになる．このドブソン分光計によりオゾン層の存在や南極においてオゾン濃度が減少していることが明らかになった．オゾン全量分光計（total ozone mapping spectrometer，TOMS）は地球表面からの太陽光の反射からオゾンと二酸化硫黄の濃度を人工衛星で計測する装置で，オゾン濃度の水平分布，オゾンホールの変動，大規模な火山活動による噴煙の挙動の観測に活躍している．人工衛星を利用した地球規模でのオゾン濃度の観測は，この他に地球大気を通過する太陽光の吸収スペクトルから大気成分を測定する大気周縁赤外分光計（limb infrared monitor of the stratosphere，LIMS）や改良型のILAS（improved limb atmospheric spectrometer）により行われている[3]．

大気中を浮遊するエーロゾルは可視域〜赤外領域の反射光のスペクトルの組合せから検出することができる．この領域のスペクトルは地球表面の状態，植生の分類・活性を調べるために広く利用されている．1999年に米国宇宙航空局NASAが打ち上げた地球観測衛星TERRAに搭載された中分解能撮像分光放射計MODISは，最小地上分解能250 mで可視〜赤外領域の7波長帯域で観測を行っている．

10.4 大気環境モニタリング・システム

(1) 大気計測の目的と測定網

　大気汚染防止法により「都道府県知事は大気の汚染の状況を常時監視しなければならない」と定めており，さらに大気の汚染が著しい場合の措置も定めている．2003年度末では，日本全国に1660の一般環境測定局と441の自動車排出ガス測定局（主要道路の沿道にある測定局）が都道府県および政令指定都市により運用されている．これらの測定局では，SO_2, NOx, CO, Ox, 炭化水素，浮遊粒子状物質，風向風速など，またはその一部の項目を測定している．このような自治体による測定局以外に，汚染物質発生源である企業や研究機関，あるいは環境アセスメント資料作成のための計測業者による測定局もある．環境計測の目的を整理すれば下記のような項目が考えられる．

① 大気汚染に係わる環境基準の適合状況の評価
② 緊急時措置の実施に伴う高濃度大気汚染の監視（光化学スモッグ注意報など）
③ 行政機関が行う大気汚染防止計画などの基礎資料や評価のため
④ 新設の汚染物質発生源などに係る環境アセスメントの基礎資料として
⑤ 大気汚染防止に係る種々の研究のため

　千葉県の大気環境モニタリング・システムを図10-1に示す[4]．各測定局で測定したデータをテレメータ・システムで中央監視局へ集める．注意報が発令される場合には，その情報を市町村や各企業へ通報し，発生源での緊急時措置が適切に実施されているかを発生源監視システムで確認している．多くの自治体では緊急時措置への対応を目的としてこのような監視システムを採用している．

(2) 測定値の代表性と測定局の適正配置

　複数の測定局から構成される測定網の効率を考えれば，少ない測定局数で，十分な情報量が得られることが望ましい．このため

① 高濃度発生地点で測定する
② 空間的に代表性のある地点で測定する

第10章 大気環境の計測技術

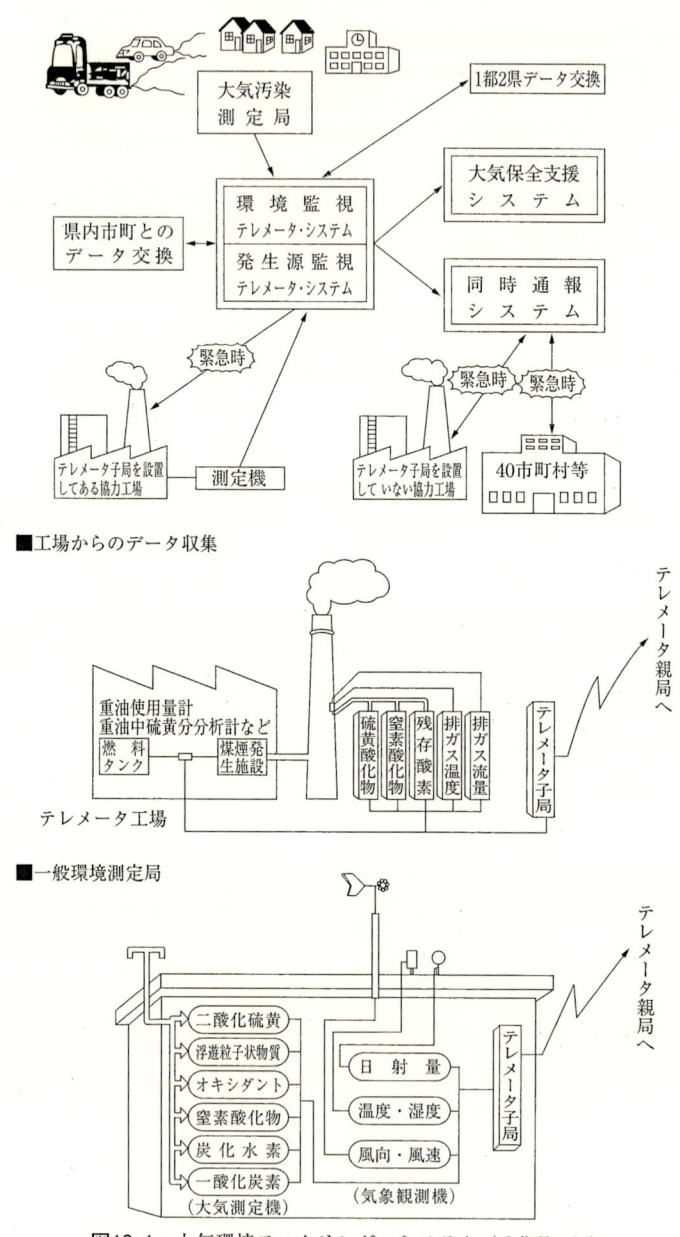

■工場からのデータ収集

■一般環境測定局

図10-1 大気環境モニタリング・システム（千葉県の例）
(出所：千葉県環境生活部大気保全課,『大気情報管理システム』(1990))

ことが必要である．代表性のある測定値を得るためには，局地的な影響や特定の発生源の影響を受けないような地点に測定局を設置しなければならない．都市域での平均的濃度を求めるためには，道路からの自動車排気ガスが直接に影響しないような場所に測定局を設置する．

地球的規模での大気成分の濃度を測定するためには，都市などの人為的な発生源の影響を受けない遠隔地や離島などにバックグラウンド測定局を配置している．これらは世界気象機関（WMO）や米国大気海洋庁（NOAA）により管理運用され，測定値は公開されている[5, 6]．

参 考 文 献

1) 環境省：大気の汚染に係る環境基準について
　　http：//www.env.go.jp/kijun/taiki1.html
2) 杉本伸夫：ライダーによる大気計測
　　http：//www-lidar.nies.go.jp/~cml/Japanese/LidarText/LidarInt.htm
3) 宇宙航空開発機構：地球観測衛星
　　http：//www.eoc.jaxa.jp/satellite/sen_menu_j.html
4) 千葉県環境生活部大気保全課：大気情報管理システム（1990）
5) 気象庁：GAW計画などを通じた国際協力
　　http：//www.data.kishou.go.jp/obs-env/hp/5-3cooperation.html
6) CDIAC：http：//cdiac.esd.ornl.gov/

第11章

大気汚染気象と煙の拡散

　新田次郎の著作に，明治から大正にかけて起こった日立鉱山の煙害問題を題材にした「ある町の高い煙突」（文春文庫）という小説がある．これは，関右馬允(のじょう)（小説では関根三郎）という青年が鉱山側と交渉して，煙害を防ぐため，当時としては世界一の高さ 156m の煙突を建てたという話である．この小説に次のような一節がある．「煙は大地に密着してゆっくりと這っていた．——煙でおおわれている峠の上は青空だった．つまり煙は，空には昇らずに谷を埋めつくしたままでいるのだった．煙が空へ逃げずに，なぜそういうかたちで地上にへばりついているのか，三郎にはわからなかった．」三郎は，後に，煙が地上を這うのは，気温の逆転層という現象と深く関係していることを理解し，逆転層を突き破るくらいの高い煙突を建てて，上空の風で汚染物質を希釈させることを思いつく．もちろん煙突を高くすることによって汚染範囲が拡大することや地形による気流の変化についても考えている．気象状態を詳しく調べることにより，複雑な煙の動きも予測できるのである．

11.1　気象学の基礎

(1)　逆 転 層

　大気の温度は，対流圏内では，通常，地表面から上空に行くにつれて低くなっている．ところが，晴れた日の夜間には地表面から熱が盛んに放出されるため，地上近くの気温が下がり，上空の気温の方が高くなる現象が生じる．上

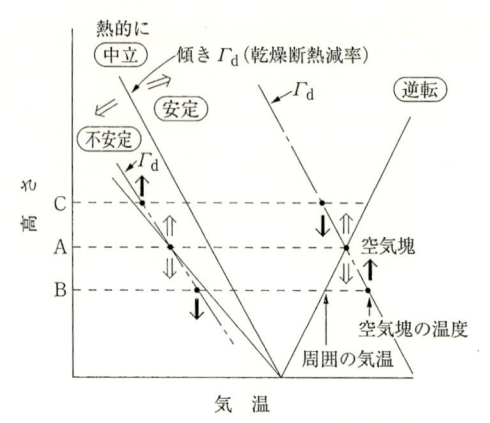

図11-1 大気の安定度と空気塊の動き

空に行くにつれて気温が高くなっている層が逆転層である．地表面が熱の放出によって冷えることを放射冷却といい，その結果できた気温の逆転を放射性逆転と呼んでいる．放射性逆転は明け方に最も発達する．

逆転層の種類には，放射性逆転のほかに，高気圧内部の下降気流によって上空の空気塊が図11-1の乾燥断熱減率に沿って下降するため，気温が高くなるところが高さ1000 m付近に生じる沈降性逆転，前線の通過により下層に寒気，上層に暖気が入り込む前線性逆転，海陸風などにより冷気が地表面近くに流れ込む移流性逆転，夜間，山から谷間に冷気が下降する地形性逆転などがある．逆転層厚は，厚くても400 m程度である．

逆転層内で煙が動きにくくなる原理を図11-1は示している．乾燥空気を外部からの熱を断って上昇させるという理想的な状態では，空気塊の温度は100 mにつき0.98℃下がる．この気温の減率を乾燥断熱減率という．図では傾きΓ_dの直線で表している．実際の大気は水蒸気を含むなど理想的な状態ではないので，100 mにつき0.65℃程度の気温減率になっているが，ここでの説明は理想的な状態を仮定して行う．逆転状態で，図の高さAの位置にある空気塊（汚染物質）をBの位置まで押し下げる．このとき，空気塊の温度はΓ_dの傾きに従って上がるため，Bの位置では周囲の気温より高くなっている．空気塊は周囲の気温より高いため，浮力の働きで上昇し，元の位置に戻ろうとする．AからCの位置にもち上げた場合は，空気塊の温度は周囲の気温より低

くなる．そのため，空気塊は下降して元の位置に戻ろうとする．こうして，逆転時には空気塊や煙の上下方向の動きが抑えられるのである．

(2) 大気の安定度
　気温の減率がΓ_dの場合を考える．図 11-1 で，傾きΓ_d線上の高さ A にある空気塊を高さ B に押し下げても，高さ C にもち上げても，空気塊の温度は周囲の気温と同じになる．この状態では，空気塊はさらに上昇，下降を続けることもないし，元の位置に戻ることもない．そのため，気温減率がΓ_dの状態を大気安定度が中立という．中立状態より気温減率が大きい場合は，大気安定度が不安定と呼ばれる．不安定状態では，高さ A にある空気塊を高さ C にもち上げると，空気塊の温度は周囲の気温より高くなってさらに上昇を続ける．逆に高さ B に押し下げると，さらに下降を続ける．こうして空気塊や煙の動きが活発になることが，不安定といわれる由縁である．中立状態より気温減率が小さい場合は逆転状態を含め，大気安定度が安定と呼ばれる．安定時には，逆転層の項に示した原理で空気塊や煙の動きが抑えられる．

(3) 安定度の指標
　実大気はほとんどの場合，風が常に不規則に変動している乱流状態になっている．乱流のエネルギーは，平均風速の鉛直勾配（シアーという）と熱による浮力から生成される．前項では大気の安定度を温度の鉛直分布（浮力）だけから見た．リチャードソン（1926 年）は，平均風速のシアーによって生成したエネルギーに対して，熱による浮力の効果がどの程度あるかを表す無次元数を導いた．これが次式に示すリチャードソン数で，安定度の指標に用いられる．

$$R_i = \frac{(g/T_0)(-\Gamma_d + \partial T/\partial z)}{(\partial U/\partial z)^2} = \frac{(g/\theta_0)(\partial \theta/\partial z)}{(\partial U/\partial z)^2} \tag{11.1}$$

ここで，gは重力の加速度 [m/s^2]，Tは温度 [℃]，Uは平均風速 [m/s]，zは高さ [m]，Γ_dは乾燥断熱減率 [℃/m]，θは温位 [℃]，T_0，θ_0は水平方向平均の温度と温位 [℃] である．

　温位θは圧力補正した温度のことである．1000 hPa（ヘクトパスカル，1 気圧は 1013 hPa）では温度と温位は同じになる．空気塊の温度は，上空に行くにつれて気圧が低くなるため下がる．温位を用いることにより，気圧が異なる

場での温度を比較することができる．中立状態で，温度の鉛直勾配はΓ_dであったが，温位の鉛直勾配$d\theta/dz$は0である．安定の場合$d\theta/dz>0$，不安定の場合$d\theta/dz<0$である．また，(11.1)式から明らかなように，$Ri=0$が中立，$Ri>0$が安定，$Ri<0$が不安定である．

モーニンとオブコフ（1954年）が提案した長さも安定度の指標としてよく使われる．この長さはRiの逆数の関数で通常Lと書かれ，モーニン・オブコフの長さと呼ばれている．中立のとき$L=\infty$，安定のとき$L>0$，不安定のとき$L<0$である．

(4) パスキルの大気安定度分類

実用的な安定度の分類にパスキル（1958年）の方法がある．パスキルは安定度を昼間は風速と日射量，夜間は風速と雲量から決めた．わが国では安定度分類の機械化などの目的で，原表にいくつかの修正を加えた表11-1の分類が広く使われている．Dが中立で，C，B，Aと変化するにつれて不安定の程度が増す．また，E，F，Gと変化するにつれて安定の程度が増す．日射，放射が強くなると温位勾配が大きくなって，それぞれ不安定，安定の強さが増し，風速が強くなるほど風速分布が急勾配になって中立に近づくと考えれば，リチャードソン数の性質と矛盾しない．

(5) 風速の鉛直分布

風が煙の動きに影響を及ぼすことは実感として理解しているし，先に述べた大気の安定度指標や分類表を見てもわかる．ここでは，地表近くの風速分布

表11-1 パスキルの大気安定度分類

風速 (U) [m/s]	日射量 (T) [kW・m^{-2}]				放射収支量 (Q) [kW・m^{-2}]		
	$T\geq0.60$	$0.60>T$ ≥0.30	$0.30>T$ ≥0.15	$0.15>T$	$Q\geq-0.020$	$-0.020>Q$ ≥-0.040	$-0.040>Q$
$U<2$	A	A-B	B	D	D	G	G
$2\leq U<3$	A-B	B	C	D	D	E	F
$3\leq U<4$	B	B-C	C	D	D	D	E
$4\leq U<6$	C	C-D	D	D	D	D	D
$6\leq U$	C	D	D	D	D	D	D

の法則について述べる．地表から 50～100 m の高さは接地層と呼ばれる．接地層内では，風速は次式に示す対数法則に従うことが知られている．

$$U = \frac{U_*}{k} \ln \frac{z}{z_0} \tag{11.2}$$

ここで，U は平均風速 [m/s]，U_* は摩擦速度 [m/s]，k はカルマン定数（約 0.4），z は高さ [m]，z_0 は粗度長 [m] である．摩擦速度，粗度長は地表面の凹凸に関係する．z_0 の値は低草原で 1～10 mm，都市中心部で 1～4 m である．これらの値は実際の草や都市建物の高さと比べて低いと感じるが，これは草原や建物群に隙間があるためである．対数法則が成り立つのは大気安定度が中立のときである．大気安定度が安定，不安定のときは対数法則を補正する必要がある．この補正にモーニン・オブコフの長さ L が使われる．

対数法則は理論的に導かれるが，もう一つ実用的な式としてよく使われるべき法則がある．

$$\frac{U}{U_1} = \left(\frac{z}{z_1}\right)^p \tag{11.3}$$

ここで，U_1 は高さ z_1 における風速，p はべき指数で，大気安定度や地表面の粗度によって異なる．田園地帯では，大気安定度が中立のとき p は 1/7 程度で，安定のときは，これより大きく（1/3～1/2 程度），不安定のときは，小さい（1/15～1/10 程度）．また，都市部のように地表面粗度が大きいところでは，中立時に p の値は 1/4～1/3 である．

対数法則は接地層で成り立ち，べき法則は地上数百 m まで実用的に用いられる．接地層の上端から地上 1～2 km までの領域はエクマン層と呼ばれている．エクマン層では，地球の自転によって生じる力（コリオリの力）の影響を受け，風向が高さによって変化する．

(6) 風の乱れ

気温や風速の鉛直分布から煙が希釈（拡散）されやすいかどうかの判断はつく．しかし，定量的にどの程度希釈されるかを把握するには，風速の平均値だけでなく，もっと細かな変動が必要である．風の細かな変動は，渦あるいは乱れとも呼ばれる．瞬時の風速とある時間の平均風速との差を風速変動 u' とす

ると，その標準偏差は $\sigma_u = \left(\overline{u'^2}\right)^{1/2}$ （ ¯ は時間平均操作を表す）と書ける．風速変動の標準偏差は乱れの強さといわれ，テイラーの拡散理論（1921年）によると，煙の拡がり幅は乱れの強さに比例する．

(7) 混合層

地表面が日射により加熱され対流が盛んな領域を混合層という．混合層の上側には逆転層があり，大気汚染物質の上方への移動を抑えている．そのため，混合層の発達は大気汚染と密接な関係がある．混合層の厚さは日中と夜間，場所，季節などによって異なるが，数百m〜2000 m程度である．

11.2 煙の拡散

大気拡散とは，大気の乱れによる汚染物質濃度の希釈のことである．もっと簡単に煙の挙動と考えてもよい．図11-2は煙の拡散に影響を与える要因を示している．煙は風や日射，放射などの気象，山や谷，建物などの地物の影響を受けて複雑な挙動をする．

(1) 地　形

平坦な地形だと，強い対流条件下など特殊な場合を除いて，煙はほぼ地表面に平行に流れると考えてよい．ところが，地形の起伏が大きいと，煙は地表面に近づきやすくなる．大気が安定なときは，山越えする力が抑えられて，山を

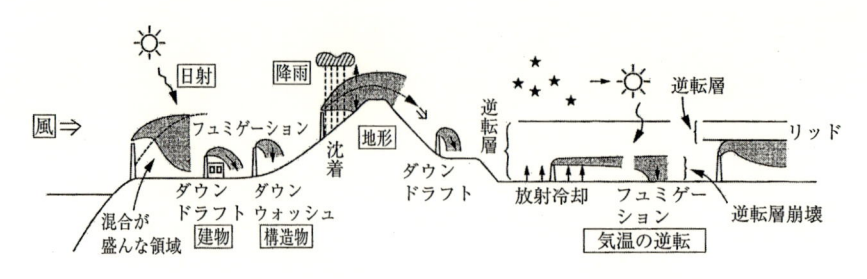

図11-2　煙の拡散に及ぼす気象，地形・建物影響

迂回することもある．一般に，地形に起伏があると平地の場合と比べて，最大着地濃度の出現距離は煙源に近づき，最大濃度の値は高くなる．複雑地形という言葉がよく使われるが，環境アセスメントでは，煙突の実高さより周囲の地形が高い場合を指すという考え方がある[1]．

煙突の風上や風下に山があると，その山によって下降気流が生じ，煙が地表面に引き下ろされて，高濃度大気汚染が発生する可能性がある．これをダウンドラフトという．

(2) 建物や煙突

煙突の実高さが近くの建物高さの約2.5倍以下になると，煙が建物によって生じる流線の下降によって地面に引き込まれたり，渦領域に巻き込まれたりする．この現象は地形影響の場合と同じくダウンドラフトである．また，煙突からの吐出速度が風速の約1.5（〜2）倍より小さくなると，煙突頂部で煙が巻き込まれることがある．これはダウンウォッシュと呼ばれる．いずれの場合も，煙が地表近くに引き下ろされるため，大気汚染物質の着地濃度が高くなることがある．アメリカ環境保護庁の指針では，「近く」を「建物高さか幅のいずれか小さい値の5倍以内の距離で，かつ，0.8 km以内の範囲」と定義している[2]．

(3) 逆転層

空気が動きにくい安定な状態にある逆転層の存在は，煙の拡散を抑えるため，高濃度大気汚染の原因となる．上空に逆転層がある場合，煙は逆転層より上方への拡散を抑えられる．すなわち，上空にまるで蓋（リッド）が存在するかのような状態になる．

接地逆転が日の出から日中にかけて，日射によって地表面近くから崩壊する．つまり，上空は安定，地表近くは混合が盛んな状態になる．このとき，上空の安定な層に排出された濃い煙が地表近くの混合の盛んな領域に取り込まれ，地表濃度が高くなることがある．このように，上空の大気汚染物質が急激に地表近くに運ばれる現象をフュミゲーション（フュームは煙のこと）という．

(4) 内部境界層

海岸線に高い煙突がある場合，煙は海から吹いてくる安定な大気層の中に排出される．日中，陸地は熱せられ海岸線から熱的な内部境界層が発達する．内部境界層の厚さは海岸線からの距離の約1/2乗に比例して発達する．安定な層に排出された煙は内部境界層に入ると鉛直方向に一様に拡がり，地表面の濃度が高くなる．これもフュミゲーションである．

(5) その他

陸地が熱せられ，対流が盛んになる領域を対流境界層という．対流境界層では，高所から排出された煙の中心軸が下降するという複雑な現象が起こるので注意が必要である．また，海陸風による汚染物質循環，特に海風前線の侵入に伴って，濃度が高くなることがある．

11.3 大気汚染物質の濃度予測の方法

汚染物質の大気中での挙動を予測する方法として，① 野外での気象観測とトレーサ実験，② 風洞などの室内実験，③ 拡散式や数値モデルを用いた計算がある[3]．それぞれの特徴をまとめて表11-2に示す．

(1) 野外での気象観測とトレーサ実験

パーフルオロカーボンや六フッ化硫黄（SF_6）などのトレーサガスを放出して濃度分布を測定することにより，現地の拡散特性を把握する．トレーサ実験中には，地上で気象観測を行うとともに，係留気球や低層ゾンデを用いて，上空大気の風や気温を測定する．また，リモートセンシング技術を利用したドップラー音波レーダにより上空風の観測を行うことがある．気象観測の状況を図11-3に示す．

(2) 風洞などの室内実験

風洞とは試験区間である胴部に地形や建物の模型を入れ，制御した風を送って，気流やトレーサガスの拡散状態を調べる装置である．図11-4に風洞の写

11.3 大気汚染物質の濃度予測の方法

表11-2 大気汚染の予測手段

方　法		内　容	特　徴
野外での気象観測とトレーサ実験		現地で，トレーサガスを放出して周辺の濃度分布を測定する．あわせて，地上や上空の気象観測を行う．	・実現象そのものを把握できる． ・実験条件の設定が困難で，人手と費用がかかる． ・環境影響評価そのものより，拡散パラメータの推定や予測モデルの検証用に実施される．
室内実験	風洞実験	大きなダクト内に地形や建物の模型を入れ，制御した風を送って，気流やトレーサガスの拡散状態を調べる．	・地形や建物影響に関しては，大気との相似則を満足しやすく，環境影響評価で実績がある． ・地形と熱が複合した条件では，高度な実験技術が必要である． ・大型の実験設備が必要で，模型製作等に費用がかかる．
	水槽実験	水中で色素をトレーサとして拡散状態を調べる．	・大気との相似則や測定技術に問題がある． ・可視化により煙突形状や排出条件を検討するのに用いられるが，環境影響評価では補助的役割である．
計　算	拡散式	排煙上昇や拡散の公式に従って濃度分布を計算する．	・正規分布型の拡散公式（プルームモデル，パフモデル）は年間など長期に及ぶ濃度予測が容易で，環境影響評価に広く使用されている． ・地形や建物影響などへの適用に限界がある．
	数値モデル	運動方程式や拡散方程式を数値的に解いて，気流や濃度分布を求める．	・乱流モデルを用いれば，地形影響に関して，風洞実験と同等の予測ができる．また，地形と熱の複合効果への適用可能性が高い． ・計算機は普及しており，容易に実施できる． ・複雑形状の構造物の組み込みは課題である．

(a) 気象観測用ゾンデ（気球，パラシュート，センサ類を納めた箱からなる．上空の風，気温，気圧，湿度が測定される．データは電波で送信される．)
(b) ドップラー音波レーダ（手前：ドップラー効果を利用して上空の風を測る装置．3つの筒が音波の送信器と受信器になっている．）と気象観測鉄塔．出所：電力中央研究所『電中研ニュース215』(1992)

図11-3 気象観測状況

真を示す．トレーサガスには，エチレン，プロパン，アンモニアなどが用いられる．模型縮尺は，着目する建物や地形，排出条件によって異なるが，通常1/100～1/5000程度である．大気拡散に及ぼす日射や放射冷却，逆転層の影響を調べるために，床面に加熱，冷却装置，試験区間入口部に温度成層装置を備えた風洞もある．

　風洞実験を行う場合，大気との相似則を満たす必要がある．大気拡散の風洞実験では，地形・建物の幾何学的相似，風速分布や乱流強度など気流の相似，煙の拡がり幅など拡散の相似が要求される．気流や拡散の相似を得るために，風洞試験部入口に乱流発生の翼やパイプなどを設置して気流の調整を行う．相似の確認は，通常，大気における知見が整っている平地で行う．平地で大気との相似を確認した後に，地形や建物の模型を入れて実験する．排ガスの熱浮力や日射，放射など温度に関する実験を行う場合は，さらにフルード数 $Fr=U/(gL\Delta T/T)^{1/2}$（$U$：風速 [m/s]，$g$：重力の加速度 [m/s^2]，$L$：代表長さ [m]，$\Delta T$：温度差 [℃]，$T$：温度 [℃]）あるいはバルクリチャードソ

図11-4　大気拡散用風洞

ン数 $R_{ib}=1/Fr^2$ の一致が求められる．フルード数やバルクリチャードソン数を一致させるには，風速を非常に遅くして，温度差を大きくしなければならず，高性能の設備と高度な実験技術が必要になる．

　風洞で空気を用いる代わりに，水槽（水路）で水を用いて流れや拡散状態を把握するのが水槽実験である．水槽実験は相似則や測定に関する問題があるので風洞ほど活用されない．ダウンウォッシュやダウンドラフトを防ぐ煙突形状や排出条件の検討に用いられる．

(3) 拡散式や数値モデルを用いた計算
a. 煙の上昇式

　大気拡散の計算では，通常，煙の上昇過程と拡散過程を分けて行う．煙突から排出された煙は，煙のもつ熱量や強制的な送風によって上昇する．煙は初め主に送風による吐出の効果で上昇し，次の段階として熱量による浮力の効果で上昇する．そして，最終的には周囲の大気と混合して一定の高さに達して上昇がとまる．排出後，一定の高さに達するまでに 200 秒かかるという報告がある．煙が上昇する高さは，吐出速度，排熱量，風速，大気安定度などによって決まる．有風時の煙の上昇高さを計算する式として，ボサンケⅠ式，コンケイウ式，ブリグス式などがある．

ボサンケI式は大気汚染防止法の式である．

$$\begin{aligned}
\Delta h &= 0.65(H_m + H_t) \\
H_m &= \frac{4.77}{1+\dfrac{0.43U}{v_g}} \cdot \frac{\sqrt{Q_{T1}v_g}}{U} \\
H_t &= 6.37 g \frac{Q_{T1}\Delta T}{U^3 T_1}\left(\ln J^2 + \frac{2}{J} - 2\right) \\
J &= \frac{U^2}{\sqrt{Q_{T1}v_g}}\left(0.43\sqrt{\frac{T_1}{g\dfrac{d\theta}{dz}}} - 0.28\frac{v_g}{g}\frac{T_1}{\Delta T}\right) + 1
\end{aligned} \right\} \quad (11.4)$$

ここで，Δh は上昇高さ [m]，H_m は送風の運動量（吐出速度の効果）による上昇 [m]，H_t は浮力による上昇 [m]，Q_{T1} は大気温度 T_1 [K] 相当の排ガス量 [m³/s]，U は風速 [m/s]，v_g は吐出速度 [m/s]，ΔT は排ガス温度と T_1 の温度差 [℃]，g は重力の加速度 [m/s²]，$d\theta/dz$ は温位勾配 [℃/m] である．

わが国の環境アセスメントでは，一般にNOx総量規制マニュアル[4]で推奨されているコンケイウ式が用いられる．コンケイウ式は以下の通りである．

$$\Delta h = 0.175 \cdot Q_H^{1/2} \cdot U^{-3/4} \quad (11.5)$$

ここで，Q_H：排出熱量 [cal/s]，U：煙突頭頂部における風速 [m/s] である．

コンケイウ式では，風速が 0 m/s になると Δh は無限大になる．しかし，実際の大気では上空がやや安定になっているため，煙はある高さで上昇を停止する．通常，地上風速が 0.5 m/s 未満を無風時として扱う．無風時（0.4 m/s 以下）には以下のブリグス式が用いられる．

$$\Delta h = 1.4 Q_H^{1/4} \cdot \left(\frac{d\theta}{dz}\right)^{-3/8} \quad (11.6)$$

ブリグス式には，他に風下距離と対応づけた煙の上昇過程の式，常温排ガスの吹き出しによる上昇式 (11.7) などがある．

$$\Delta h = 3 v_g D / U \quad (11.7)$$

ここで，v_g は吐出速度 [m/s]，D は煙突出口直径 [m] である．

実際の煙突高 H_0 に煙の上昇高さ Δh を加えた高さを有効煙突高（effective stack height）といい He で表す．つまり，

$$He = H_0 + \Delta h \tag{11.8}$$

b. プルームモデル

　拡散過程で大気汚染物質の濃度分布の計算を行う場合，煙は図11-5に示すように高さ He の仮想煙源から放出されると考える．これは，煙の上昇過程中に最大着地濃度が現れないことが前提である．有風時（1m/s以上）の濃度分布の計算には，次の正規分布型の大気拡散式が基本となる．

$$C(x,y,z) = \frac{Q}{2\pi U \sigma_y \sigma_z} \exp\left(-\frac{y^2}{2\sigma_y^2}\right) \left[\exp\left\{-\frac{(z-He)^2}{2\sigma_z^2}\right\} + \exp\left\{-\frac{(z+He)^2}{2\sigma_z^2}\right\}\right] \tag{11.9}$$

　ここで，C (x, y, z)：評価点 (x, y, z) の濃度［ガス状物質の場合は m^3/m^3，粒子状物質の場合は g/m^3］，Q：排出強度［ガス状物質の場合は m^{3}N/s，粒子状物質の場合は g/s］，U：風速［m/s］，σ_y, σ_z：横方向，鉛直方向の煙の拡がり幅［m］，He：有効煙突高［m］である．なお，(11.9) 式は排出源の真下の地表面を原点にとり，風下方向を x，横方向を y，鉛直方向を z とした座標系で表されている．濃度が x の関数になっているのは σ_y，σ_z が風下距離 x とともに大きくなるからである．右辺の第一項は $z = He$ に煙源があり，第二項は $z = -He$ に煙源があることを意味する．第二項は地表面によ

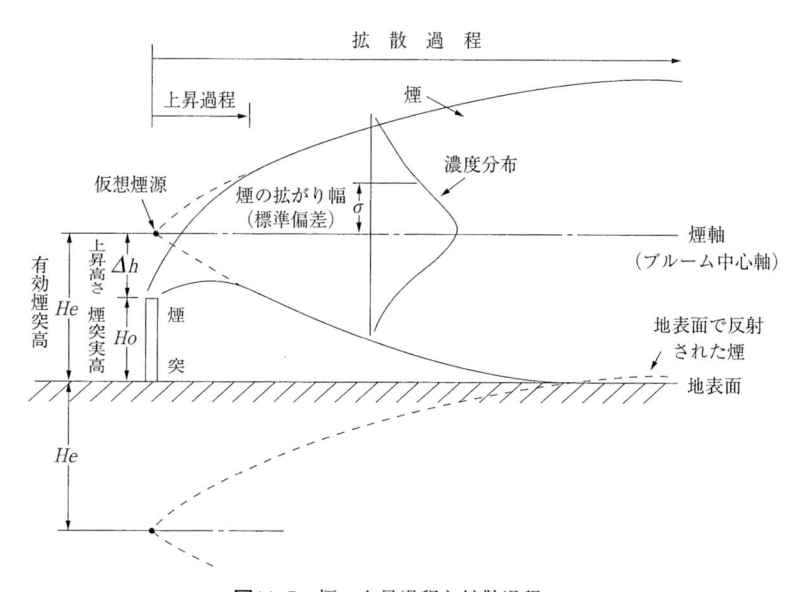

図11-5 煙の上昇過程と拡散過程

る煙の反射の効果を表しており，この場合，$z = -He$ に煙源がくる．

(11.9) 式はプルームモデルと呼ばれ，風向，風速が一様でかつ定常なとき，煙が連続的に流れていく状態を表す．プルームモデルで濃度分布を計算する場合，煙の拡がり幅を与えなければならない．

テイラーの拡散理論によると，乱れが均質で定常な場では，煙の輸送時間 T が短いとき，煙の拡がり幅 σ_y（σ_z についても同様）は輸送時間（あるいは距離）に比例して大きくなり，ある時間経過すると 1/2 乗でしか拡がらなくなる．すなわち，

$$
\begin{aligned}
&T \text{ が小さい場合} \quad \sigma_y = \left(\overline{v'^2}\right)^{1/2} T \\
&T \text{ が大きい場合} \quad \sigma_y = \left(2\overline{v'^2}\tau_y T\right)^{1/2}
\end{aligned}
\quad (11.10)
$$

ここで，τ_y はラグランジュ的な時間スケールで渦の寿命，$\left(\overline{v'^2}\right)^{1/2}$ は y 方向の速度変動の標準偏差を表す．σ_z の場合は，τ_y を τ_z，$\left(\overline{v'^2}\right)^{1/2}$ を $\left(\overline{w'^2}\right)^{1/2}$ で置き換える．

サットン（1932 年）は次式で煙の拡がり幅を与えた．

$$
\begin{aligned}
\sigma_y &= C_y x^{\frac{2-n}{2}} / \sqrt{2} \\
\sigma_z &= C_z x^{\frac{2-n}{2}} / \sqrt{2}
\end{aligned}
\quad (11.11)
$$

ここで，C_y，C_z は横方向，鉛直方向の拡散パラメータ，n は渦係数で，煙源高さや大気安定度に依存する．

アメリカのギフォード（1961 年）はイギリス気象局のパスキルの原図をもとに，煙の拡がり幅 σ_y，σ_z を風下距離の関数として与える図を作成した．これはパスキルチャート（パスキル・ギフォード線図，P－G チャートなどとも呼ばれる）として有名である．図 11-6 にパスキルチャートを示す．パスキルチャートに示される A（不安定）〜D（中立）〜G（安定）は大気安定度を表し，この分類の方法は表 11-1 に示されている．A－B などは A と B などそれぞれの中間の意味である．なお，パスキルチャートのもともとの σ_y，σ_z は，平坦地，地上煙源，煙源からの風下距離が 1km 程度まで，地表面の状態は草

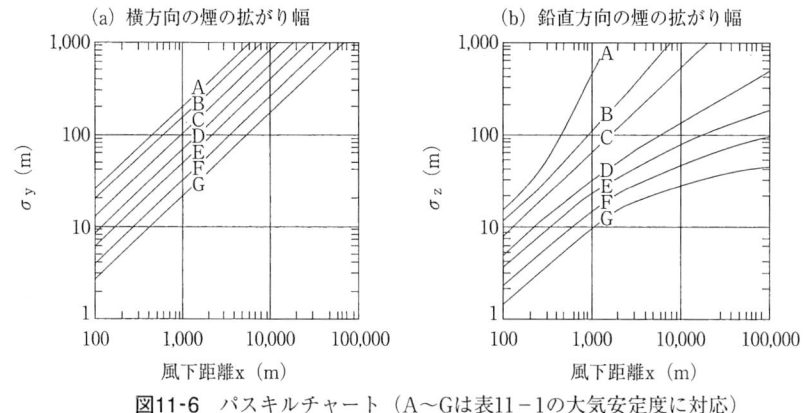

11.3 大気汚染物質の濃度予測の方法

図11-6 パスキルチャート（A～Gは表11-1の大気安定度に対応）

(a) 横方向の煙の拡がり幅
(b) 鉛直方向の煙の拡がり幅

原地帯の野外実験のデータをもとに作成された．

ブリグスは田園地域用と都市域用の煙の拡がり幅を提案している．サットン，パスキル（とギフォード），ブリグスによって与えられた煙の拡がり幅を用いたプルームモデルが，それぞれサットン式，パスキル式，ブリグス式である．サットン式は大気汚染防止法の式で，パスキル式はさまざまな事業の環境アセスメントで活用されている．

c. 濃度の評価時間と煙の拡がり幅

大気中には直径数 mm 程度の渦から台風のように数百 km，さらにもっと大きなものまでさまざまの渦が含まれている．煙の拡がり方は，どの程度大きな渦まで拡散に寄与するかによって決まる．大気中では数分間で測定した濃度と1時間かけて測定した濃度は異なる．これは，数分間の測定では，1時間に1回くるような大きな渦が拡散に寄与していないためである．なお，測定時間による濃度分布の変化は，鉛直方向に関しては，測定時間が数分～10分を超えると見られなくなる．これは，地表面の存在によって，長周期の大きな渦の寄与がなくなるためである．

パスキルチャートの煙の拡がり幅は3分間の評価（測定）時間に対応する．評価時間が長くなると，横方向には風の大きな変動の影響を受けるため σ_y は大きくなる．濃度分布が拡がり，煙の中心軸上（$y=0$）の濃度が下がることを時間希釈という．1時間濃度を求める場合には，σ_y を補正する必要がある．評価時間と σ_y の間には次の関係がある．

$$\frac{\sigma_{yt}}{\sigma_{yt0}} = \left(\frac{t}{t_0}\right)^p \tag{11.12}$$

ここで，σ_{yt}，σ_{yt0}：評価時間 t，t_0 の煙の拡がり幅 [m]，p：べき指数で $1/5$ 〜 $1/2$ である．パスキルチャートでは $t_0 = 3$ 分である．

サットンの式は3分間の評価時間に対応する．1時間の煙の中心軸濃度を求めるために，サットンの式で計算した値に時間希釈係数 0.15 が乗じられる．

d. パフモデル

無風時や弱風時（0.5〜0.9 m/s）には次の大気拡散式で示されるパフモデルが基本となる．

$$C(x,y,z) = \frac{Q}{(2\pi)^{3/2}\sigma_x\sigma_y\sigma_z}\exp\left\{-\frac{(x-Ut)^2}{2\sigma_x^2} - \frac{y^2}{2\sigma_y^2}\right\} \cdot$$
$$\left[\exp\left\{-\frac{(z-He)^2}{2\sigma_z^2}\right\} + \exp\left\{-\frac{(z+He)^2}{2\sigma_z^2}\right\}\right] \tag{11.13}$$

ここで，t：煙が放出されてからの時間 [s]，σ_x：風下方向の煙の拡がり幅 [m] である．その他の記号は (11.9) 式と同じである．パフモデルは，瞬間的に放出された一塊の煙（パフ）が拡散により大きくなりながら流れていく状態を表している．無風時に煙が連続的に放出され（数学的には (11.13) 式を t について 0〜∞ で積分すること），$\sigma_x = \sigma_y = \alpha t$，$\sigma_z = \gamma t$ と近似すると，無風時の簡易パフ式（地表濃度）が次式で得られる．

$$C(R) = \frac{2Q}{(2\pi)^{3/2}\gamma} \cdot \frac{1}{\left(R^2 + \frac{\alpha^2 He^2}{\gamma^2}\right)} \tag{11.14}$$

α や γ は大気安定度ごとに与えられる [4]．R は煙源からの距離 [m] である．

e. 流跡線パフモデル

パフの移動に風向，風速の時間変化を考慮したモデルである．パフの流跡は場所や時間によって変化する風系をトレースすることによって求める．風系を求める一つの方法に客観解析法がある．客観解析法は，対象領域で何点かの観測風のデータがある場合，それらのデータを内挿，外挿して全体の風系を求めるものである．その際，変分法を用いて質量保存 (mass consistent) を満たすように行う方法はマスコンモデルと呼ばれる．

f. 修正プルームモデル

プルームモデルと基本的に同じであるが，地形による煙軸の歪みを考慮できる．地形影響を受けた煙軸を求めるのにポテンシャル流理論が使われる．また，アメリカ環境保護庁のモデルISC3（industrial source complex）では，煙軸と地表面の距離を，有効煙突高から地形で高くなっている分やその半分を差し引いて，主観的に決めている．

ヒューバーモデルでは，煙突によるダウンウォッシュや建物による巻き込みの影響を考慮するため，煙軸高さを下げ，煙の拡がり幅を建物形状（高さや幅）を加味して推定している．

フュミゲーションのモデルでは，逆転層の崩壊高さ（あるいは内部境界層の高さ）内に煙が鉛直方向に一様に分布し，横方向には煙がリッドで押さえられる分だけ拡がるとして濃度計算を行っている．

g. 数値モデル

大気の拡散方程式は次式で与えられる．

$$\frac{\partial C}{\partial t}+u\frac{\partial C}{\partial x}+v\frac{\partial C}{\partial y}+w\frac{\partial C}{\partial z}=\frac{\partial}{\partial x}\left(K_x\frac{\partial C}{\partial x}\right)+\frac{\partial}{\partial y}\left(K_y\frac{\partial C}{\partial y}\right)+\frac{\partial}{\partial z}\left(K_z\frac{\partial C}{\partial z}\right) \quad (11.15)$$

ここで，C は濃度 $[m^3/m^3]$，t は時間 $[s]$，u, v, w は x, y, z 方向の風速成分 $[m/s]$，K_x, K_y, K_z は x, y, z 方向の渦拡散係数 $[m^2/s]$ である．(11.15)式は渦拡散係数に K という記号を用いていることから K 理論の式と呼ばれる．(11.15)式において渦拡散係数や風速が一定などの条件で簡略化すると解析的に解くことができて，プルームモデルやパフモデルの式が導かれる．

大気拡散の数値モデルには，(11.15)式を差分法や有限要素法を用いて数値的に解く方法や，大気汚染物質を多数の粒子で模擬し，その粒子位置を平均風と濃度勾配による拡散力で移動させて濃度を計算するセル内粒子（particle-in-cell）法，同じく模擬した粒子を大気の乱流特性により移動させるラグランジュ型粒子モデルなどがある．これらのモデルでは，煙の拡散に及ぼす地形影響が考慮できる．

h. 濃度変動予測モデル

毒性や可燃性ガス，悪臭物質に対しては，平均濃度よりも瞬間の高濃度が防災対策や環境アセスメントで重要となる．LES（large eddy simulation）による濃度の時間変動を予測するモデルも開発されつつある．

i. 拡散計算ソフト

国内外で種々の煙源条件,地理的条件に適用できる拡散計算ソフトが開発されている。表11-3はアメリカの拡散計算ソフトで,これらはユーザーズ・マニュアルが公開されるなど,利用者に便宜がはかられている[5,6]。わが国では,低煙源工場拡散ソフトMETI-LIS[7]や火力発電所排ガスの地形影響評価ソフトTOPADS[8]が行政手続きの一環として用いられている。

表11-3 アメリカの拡散計算ソフト

適用条件	米国環境保護庁の認証モデル	その他のモデル
都市内の年平均濃度		AQDM, CDM2.0
平坦地の工場など	ISC3, BLP	CRSTER
道路(平坦地域)	CALINE3	HIWAY2
複雑地形上の工場など	CTDMPLUS	
沿岸,海上の発生源施設	OCD	
高密度ガス,有害ガスの拡散		DEGADIS, FEM3
飛行場,空軍基地	EDMS	
光化学大気汚染		UAM, CIT airshed model
広域拡散(酸化反応等を含む)	CALPUFF	

(出所:岡本眞一,大気拡散モデルの行政への利用—技術指針など—環境技術,33,p.21~27,(2004))

参考文献

1) 厚生省生活衛生局水道環境部環境整備課[監修]:ごみ焼却施設環境アセスメントマニュアル,全国都市清掃会議 (1986)
2) 岡本眞一,大場良二:煙突高さ決定に関する米国EPA指針の紹介,環境管理,33,p.188~192 (1997)
3) 電力中央研究所:大気拡散予測手法,電中研レビュー No.38 (2000)
4) 公害研究対策センター:窒素酸化物総量規制マニュアル[新版] (2000)
5) 岡本眞一:大気拡散モデルの行政への利用—技術指針など—,環境技術,33,p.21~27 (2004)
6) 岡本眞一:大気環境予測講義,ぎょうせい (2001)
7) 関東経済産業局:有害大気汚染物質に係る発生源周辺における環境影響予測手法マニュアル(経済産業省—低煙源工場拡散モデル:METI-LIS)(2001)
8) 市川陽一:環境アセスメントへ排ガス拡散数値モデルを実用化,エネルギー,36,p.34~37 (2003)

第12章

環境関係法令

　環境問題を解決するためには，各人の環境に対する意識を向上させることが何よりも大切である．しかし，それだけでは不十分であり，個人や組織の行動を規制する法律により，最低限の守るべき環境の質についての取り決めを定めておくことも必要になる．本章では，このような環境関係法令について説明する．

12.1　わが国の環境関係法令の変遷と概要

　本節では，わが国の環境関係法令について，まず，公害対策基本法を中心とした公害関係法令と，自然環境保全法を中心とした自然保護関係法令に分けて解説する．さらに，公害行政と自然保護行政が次第にこれらの区分を越えて展開され，そして環境基本法の制定に至るまでの変遷と概要を述べる（表12-1参照）．

(1)　公害関係法令

　わが国においては，明治中期に多発した足尾銅山（栃木県）や別子銅山（愛媛県）の鉱毒・煙害（亜硫酸ガス被害）事件などの銅鉱山の鉱害事件を契機として，1905（明治38）年に「鉱業法」，1911（明治44）年に「工場法」が制定され，この中で公害防止義務についても触れられている．

　戦後は，産業の復興に伴って生じた公害問題に対処するため，1949（昭和

表12-1 わが国の環境関係法令

年	公害関係法令（資源循環関係・含）	自然保護関係法令（地球環境関係・含）
1895（明28）		狩猟法制定
1897（明30）		森林法制定
1905（明38）	鉱業法制定	
1911（明44）	工場法制定	
1919（大8）		都市計画法・史跡名勝天然記念物保存法制定
1931（昭6）		国立公園法制定
1939（昭14）	鉱業法改正	
1949（昭24）	東京都公害防止条例制定	国立公園法改正
1957（昭32）		自然公園法制定，国立公園法廃止
1962（昭37）	ばい煙の排出の規制等に関する法律制定	
1967（昭42）	公害対策基本法制定	
1968（昭43）	大気汚染防止法・騒音規制法制定	
1970（昭45）	公害紛争処理法制定 廃棄物処理法・公害防止事業費事業者負担法・海洋汚染防止法・人の健康に係る公害犯罪の処罰に関する法律・農用地の土壌の汚染防止等に関する法律・水質汚濁防止法制定，公害対策基本法・道路交通法・騒音規制法・下水道法・農薬取締法・大気汚染防止法・毒物及び劇物取締法改正	自然公園法改正
1971（昭46）	悪臭防止法制定，環境庁設置	
1972（昭47）	大気汚染防止法・水質汚濁防止法改正（無過失責任制度の導入）	自然環境保全法制定
1973（昭48）	公害健康被害補償法制定	都市緑地保全法制定
1974（昭49）	大気汚染防止法改正（硫黄酸化物に係る総量規制制度の導入）	日米渡り鳥等保護条約
1980（昭55）	ロンドン条約発効（採択は1975）	ラムサール条約発効（採択は1975） ワシントン条約発効（採択は1973）
1984（昭59）	環境影響評価の実施について閣議決定	
1987（昭62）	公害健康被害補償法改正→公害健康被害の補償等に関する法律に	
1988（昭63）		ウィーン条約発効（調印は1985） モントリオール議定書発効（調印は1987）
1991（平3）	リサイクル法制定，廃棄物処理法改正	
1992（平4）	自動車NOx法制定	絶滅のおそれのある野生動植物の種の保存に関する法律制定 世界遺産条約発効（調印は1975）
1993（平5）	環境基本法制定，公害対策基本法廃止 バーゼル条約発効	自然環境保全法改正
1995（平7）	容器包装リサイクル法制定	
1997（平9）	環境影響評価法制定（施行は1999年）	気候変動枠組み条約第3回締約国会議（京都）
2000（平12）	循環型社会形成推進基本法制定 家電リサイクル法制定 東京都ディーゼル規制条例制定 自動車NOx・PM法制定	
2001（平13）	土壌汚染対策法制定 食品リサイクル法施行	
2002（平14）	建設リサイクル法本格施行 自動車リサイクル法施行 PRTR法施行（1999年制定）	
2005（平17）		京都議定書発効

（出所：長沢伸也著『環境にやさしいビジネス社会―自動車と廃棄物を中心に―』中央経済社，2002，p.68，図表4-1，一部を加除修正）

24) 年の東京都の工場公害防止条例の制定を皮切りに，神奈川県，大阪府，福岡県がそれぞれ工場公害防止条例を相次いで制定するというように，地方自治体が国の対策に先駆けて公害防止の法制化を行った．

1960（昭和35）年頃から所得倍増計画によってきわめて急速に産業経済が発展し，地域開発計画と重化学工業化が強く推進されるが，これに伴い大気汚染や水質汚濁などがますます激化し，いわゆる四日市喘息や水俣病も引き起こされて社会問題として深刻化した．これらの公害問題に対処するため，大気汚染防止に関する国の最初の立法である「ばい煙の排出の規制等に関する法律」が1962（昭和37）年に制定されるなど，それぞれの発生源を規制する法律が順次に制定された．

そして，公害対策を総合的に推進するための法体系の中心に位置する法律として，1967（昭和42）年に「公害対策基本法」が制定され，以後，1968（昭和43）年に「大気汚染防止法」，同年に「騒音規制法」，1969（昭和44）年に「公害に係る健康被害の救済に関する特別措置法」，1970（昭和45）年に「公害紛争処理法」が制定されるなど，各種の公害対策法令が体系的，総合的に強化されていった．

さらに，4大公害裁判（水俣病，イタイイタイ病，新潟水俣病，四日市喘息）等による世論の高まりを受けた1970（昭和45）年のいわゆる公害国会において，公害関係14法律の制定・改正が行われるなど公害関係法令の充実強化が図られた．

また，環境保全のための一元的な行政機関の必要性が認識されるようになり，公害対策や自然保護対策を含め環境行政を総合的に推進するため，1971（昭和46）年に環境庁が設置された．なお，2001（平成13）年の中央省庁再編の際に，環境庁は環境省に格上げされ，旧厚生省が所掌していた廃棄物行政が移管された．

(2) 自然保護関係法令

明治維新以後の殖産興業政策と急速な近代化による都市化や開発に伴い，自然保護に関連した法制度が整備されるようになり，1897（明治30）年に「森林法」，1919（大正8）年に「都市計画法」と「史跡名勝天然記念物保存法」が制定された．自然の保護を直接目的とする制度としては，1931（昭和6）年

に「国立公園法」が制定されて，瀬戸内海，霧島，雲仙などの国立公園が指定された．また，戦後は国立公園に準ずる自然の風景地を指定する国定公園や都道府県立自然公園が設けられた．その後，これらの自然公園の体系的な制度の確立が必要となり，1957（昭和32）年に「国立公園法」が廃止されて「自然公園法」が制定された．

その後も，1973（昭和48）年の「都市緑地保全法」の制定と「自然環境保全基本方針」の閣議決定や，1992（平成4）年の日本版レッドデータブック（絶滅のおそれのある野生生物の種のリスト）の作成を受けた「絶滅のおそれのある野生動植物の種の保存に関する法律」の制定などにより法制度が整備された．

さらに，国際協力として，野生生物の保護に関して，1980（昭和55）年に「特に水鳥の生息地として国際的に重要な湿地に関する条約」（以下「ラムサール条約」という．採択は1975（昭和50）年）および「絶滅のおそれのある野生動植物の種の国際取引に関する条約」（以下「ワシントン条約」という．採択は1973（昭和48）年）に加入した．

(3) 環境問題関係法令

1967（昭和42）年の「公害対策基本法」と1972（昭和47）年の「自然環境保全法」の制定および1971（昭和46）年の環境庁の設置以後，公害行政と自然環境保護という区分を越えた環境行政の展開が次第に進められることとなった．

わが国における環境影響評価への本格的な取り組みの始まりは，1972（昭和47）年の「各種公共事業に係る環境保全対策について」の閣議了解からである．また，地方自治体においては，川崎市の「環境影響評価に関する条例」の制定を皮切りに，北海道，東京都と神奈川県でそれぞれ「環境影響評価条例」が制定された．国では環境影響評価法案の国会提出（1981（昭和56）年）・廃案（1983（昭和58）年）を受けて，1984（昭和59）年に「環境影響評価の実施について」の閣議決定により，国の関与する大規模な事業に関して環境影響評価を実施することとなった．そして，例えばアメリカでは1970年に発効した「国家環境政策法」（national environment policy act, NEPA）で環境アセスメントの手続きを関係機関に課しているように，主要先進国の中で環境ア

セスメントが法制化されていないのはわが国だけという状態がしばらく続いたが,四半世紀を経てついに1997（平成9）年に「環境影響評価法」が制定され,1999（平成11）年より施行された.

12.2 環境基本法

(1) 環境基本法

今日の環境政策の対象領域の広がりに対処していくためには，規制的手法を中心とする「公害対策基本法」,「自然環境保全法」の枠組みでは不十分となり,国,地方公共団体はもとより,事業者,国民の自主的取り組みを踏まえ,多様な手法を適切に活用することにより,社会経済活動や生活様式を問い直していくことが必要となってきた.

以上のような経緯と観点から，1992年に開催された「環境と開発に関する国連会議（地球サミット）」を踏まえ，1993（平成5）年に「環境基本法」が制定された．直接的には，地球サミットで合意された「リオ宣言」のキーワードである sustainable development が「環境基本法」第4条に「持続的発展」という言葉で取り入れられている．

(2) 環境基本計画

「環境基本計画」は，環境の保全に関する施策の総合的かつ計画的な推進を図るための基本的な計画であり，「環境基本法」第15条の規定（表12-2参照）に基づき1994（平成6）年に閣議決定された．

この環境基本計画は，環境への負荷の少ない循環を基調とする経済社会システムが実現されるよう，人間が多様な自然・生物と共に生きることができるよう，また，そのために，あらゆる人々が環境保全の行動に参加し，国際的に取り組んで行くこととなるよう，「循環」「共生」「参加」および「国際取組」が実現される社会を構築することを長期的な目標として掲げたうえ，その実現のための施策の大綱，各主体（国，地方公共団体，事業者および国民）の役割，政策手段のあり方などを定めたものである．

表12-2 環境の保全に関する基本的施策（「環境基本法」第2章）と個別法・個別の措置

第1節　施策の策定等に係る指針（第14条）
第2節　環境基本計画（第15条）…「環境基本計画」閣議決定
第3節　環境基準（第16条）…大気，水質，土壌，騒音に係る環境基準
第4節　特定地域における公害の防止（第17・18条）…36地域についての公害防止計画策定
第5節　国が講ずる環境保全のための施策等
　国の施策の策定等に当たっての配慮（第19条）…各種計画策定等に当たっての環境配慮など
　環境影響評価の推進（第20条）…「環境影響評価の実施について」閣議決定
　環境の保全上の支障を防止するための規制（第21条）
　　一　公害防止のための規制…大気汚染防止法，水質汚濁防止法など
　　二　土地利用・施設の設置に関する公害防止のための規制…建築基準法，工場立地法など
　　三　自然環境の保全のための規制…自然環境保全法，自然公園法など
　　四　野生生物等の自然物の保護のための規制…鳥獣保護法，温泉法など
　　五　公害防止及び自然環境保全のための規制…瀬戸内海環境保全特別措置法など
　環境の保全のための経済的措置（第22条）…環境事業団法，税制優遇措置など
　環境の保全に関する施設の整備その他の事業の推進（第23条）…各種公共的施設の整備など
　環境への負荷の低減に資する製品等の利用の促進（第24条）…リサイクル法，エコマーク事業など
　環境の保全に関する教育，学習等（第25条）…資料提供，施設整備，人材確保など
　民間団体等の自発的な活動を促進するための措置（第26条）…地球環境基金による助成など
　情報の提供（第27条）…環境監視データの公表など
　調査の実施（第28条）…公害調査費による調査など
　監視等の体制の整備（第29条）…公害監視等設備整備補助など
　科学技術の振興（第30条）…国立環境研究所における環境研究など
　公害紛争の処理及び被害の救済（第31条）…公害紛争処理法，公害健康被害の補償等に関する法律など
第6節　地球環境保全等に関する国際協力等
　地球環境保全等に関する国際協力等（第32条）…環境ODA，国際機関への協力など
　監視，観測等に係る国際的な連携の確保等（第33条）…国際機関を通じた観測値の交換など
　地方公共団体または民間団体等による活動を促進するための措置（第34条）…情報提供など
　国際協力の実施に当たっての配慮（第35条）…国際協力事業団の環境配慮ガイドラインなど
第7節　地方公共団体の施策（第36条）
第8節　費用負担及び財政措置
　原因者負担（第37条）…公害防止事業費事業者負担法など
　受益者負担（第38条）…自然環境保全法，自然公園法など
　地方公共団体に対する財政措置等（第39条）…公害防止事業に係る財政特別措置法など
　国及び地方公共団体の協力（第40条）

12.3 循環型社会形成のための法制度

近年わが国では，大量の廃棄物が排出されている．最終処分場の不足が慢性化・残余容量の逼迫，廃棄物焼却に伴うダイオキシン類の発生，不法投棄件数の増大等のさまざまな問題が発生し，深刻な社会問題となっている．

こうした廃棄物を巡る問題を解決するためには，「出された廃棄物を適正に処理する」という対応ではもはや限界である．そこで，新たな経済社会システムを目指して，資源循環型廃棄物（環境）対策の法体系が表12-3に示すように整いつつある．

(1) 循環型社会と循環型社会形成推進基本法

人類が展開させてきた「大量生産・大量消費・大量廃棄」型の経済社会活動は，私たちに大きな恩恵をもたらしてきた．他方で，物質循環の輪を断ち，その健全な循環を阻害するという側面も有し，生存基盤たる環境に対して負荷を与え続けてきた．そして，これまでのような経済社会活動のあり方そのものが限界を迎えているのではないか，との認識が共有されつつある．こうしたことから，21世紀の経済社会のあり方として循環型社会が考えられた[1]．

こうした循環型社会への転換を実現するため，循環型社会の意味付けや循環型社会システムづくりに指針を与える基本法として，2000（平成12）年6月に制定されたのが「循環型社会形成推進基本法」である．

表12-3 循環関連法制度

基本的枠組み	循環型社会形成推進基本法
生産段階	資源有効利用促進法
消費・使用段階	グリーン購入法
回収・リサイクル段階	容器包装リサイクル法
	家電リサイクル法
	食品リサイクル法
	自動車リサイクル法
	資源有効利用促進法
廃棄段階	廃棄物処理法

(2) 循環型社会形成推進基本法の概要[2]
 ⅰ) 目指すべき「循環型社会」を規定している．
 ⅱ) 対象となる廃棄物のうち，有用なものを「循環資源」と定義している．
 ⅲ) 処理の優先順位をはじめて法定化している．
 ⅳ) 国，地方公共団体，事業者および国民の責務を明確化している．
 ⅴ) 政府が「循環型社会形成推進基本計画」を策定する．
 ⅵ) 循環型社会の形成のための国の施策を明示している．

 循環型社会の構築に当たっては，まず，第1に，原材料の効率的利用などによる廃棄物の発生抑制（リデュース：Reduce），第2に使用済み製品またはその中から取り出した部品などをそのまま使用する再使用（リユース：Reuse），第3に使用済み製品などを何らかの異なるものに変化させて利用する再循環（リサイクル：Recycle）である．リサイクルは大きく2つに分けられ，使用済み製品を再生して原材料として利用する再生利用（マテリアル・リサイクル）と，環境への負荷の程度などの観点から以上の取り組みが適切でない場合の熱回収（サーマル・リサイクル）がある．この Reduce・Reuse・Recycle はまとめて，3R とよばれ，循環型社会を構築する上で不可欠である[3]．本来，3R のいずれにも適さないものは初めから使用を拒絶（リフューズ：Refuse）すべきで，欧米ではこれを加えた 4R が基本とされることが多い．

 また，循環型社会形成推進基本法の第 11 条第 2 項では，製品，容器等の製造，販売等を行う事業者に製品，容器等が廃棄物となることを抑制するために必要な措置を講ずることなどを求めている．この拡大生産者責任の考え方やそのための方法については，第 16 章で説明する．

参 考 文 献
1) 環境省編：平成 13 年版循環型社会白書，ぎょうせい，p. 28（2001）
2) 経済産業省編：環境総覧 2001，通産資料調査会，p. 175（2001）
3) 環境庁編：平成 12 年版環境白書（総説），ぎょうせい，p. 222（2000）

第13章

環境保全と環境政策

　環境問題を解決するためには，各人の努力も必要であるが，それだけでは不十分な場合もあり，個人や組織の行動を規制する法律を制定するとともに，良好な環境を実現するための社会システムを構築することも必要になる．さらに，経済原則のみでは対応できない環境対策については行政による誘導も考えねばならない．本章では，このような環境保全対策およびそれに関連する政策課題について説明する．なお，環境政策の中でも重要な環境アセスメントについては第14章で説明する．

13.1　環境規制

　ここで，環境の悪化とその対策について考えてみよう．例えば，河川水や地下水の水質が悪化して飲用に適さなくなる，大気中のCO_2濃度が上昇して温暖化が進行するなどの場合を考えれば，好ましくない環境影響の程度は環境中（大気中，水中，土壌中など）での特定成分の濃度に関係していることがわかる．そして，好ましくない環境影響が発生しない限界としての環境濃度の値を知ることができれば，環境中での特定成分の濃度をこの値以下に制御する方策を考えることができる．しかし，狭い閉鎖空間などを除き，環境中の濃度を直接に制御することは，一般的には不可能である．このため，私たちはその排出量を制御することにより環境濃度を望ましい水準に維持することを考える．この排出口から環境中へ放出される所での基準をend-of-pipe（排出末端）基準

と呼んでいる．世界中の多くの国が採用している水質汚濁や大気汚染を防止するための法令はこの排出末端規制方式である．

排出末端での基準を排出基準と呼び，これを法令で定めて，排出者に強制する方法を排出規制という．多くの国では，この排出規制が守られている状況をモニタリング（監視測定）し，不十分な場合には，指導，勧告，罰則の適用などの措置を講じている．このような規制方式は command-and-control（上からの指令規制）方式と呼んでいる．この規制方式は環境の質を保全する上で有効であるが，法令遵守を確実なものとするための社会的なコストは大きくなる[1]．

次に，汚染物質が排出口へ到達する前の発生段階で削減できれば，排出規制よりも一層効果的であろう．さらに，排出者の自主的な管理により，これが実施できれば，社会全体での費用は小さくなり，その方がはるかに優れていると考えられる．

わが国では，大気汚染や水質汚濁の防止に関しては，従来から環境基準と排出基準の両者に行政が関与してきた．すなわち環境中における濃度の上限と各発生源施設での排出量上限を決定して，環境基準を達成できるように，排出規制を実施してきた．しかし，2001年に発表されたベンゼンの規制については，各企業における自主的活動により，大気中ベンゼン濃度に関する環境基準を達成することとしている[2]．このことは，従来行政が行っていた環境基準で定められた環境中濃度と排出量との関係を事業者自身の責任で把握し，適切な対応をとることを意味している．すなわち，事業者は，行政から指示された排出量をただ遵守すればよいというのではなく，排出量をどの程度にすれば，環境中での濃度を環境基準以下にすることができるかを自らの責任で確認することが必要になる．このために使用される大気環境についての予測手法が第11章で説明している拡散モデルである．このような自主的活動を支援するため，経済産業省においても排出量から環境濃度を予測するためのソフトウェアの開発普及に努めている[3]．

自主的計画（ボランタリー・プラン）が良く機能するか否かは，各企業経営層の倫理水準にも依存している．最近に相次いで発生した車のリコールかくし，不良品の再利用による食中毒事件などの問題は有力企業における倫理観の欠如を明らかにしたものとも考えられており，このようなボランタリー・プランの

先行きに対する不安材料でもある.

13.2　環境基準と排出規制

　多くの国々では,国民の健康,福祉増進のために守るべき環境の質(大気については,大気汚染濃度の値)についての基準を定めている.しかし,この環境の質を維持するためには,その汚染原因物質の排出源に対して何らかの規制を働きかけることが必要である.ここで,わが国における大気汚染規制の方法について説明しよう.

　大気汚染防止法の目的は,主として工場および事業場における事業活動に伴って生ずるばい煙等を規制し,大気汚染に関して,国民の健康を保護し生活環境を保全することである.この大気汚染防止法の規制対象とされる物質は,表13-1に示すように,発生形態によって「ばい煙」,「粉じん」,「自動車排出ガス」,「特定物質」に分類されている[4].なお,大気中へ放出される放射性物質

表13-1　大気汚染防止法規制対象物質

規制物質		物質の例示	発生形態	発生施設
ばい煙	硫黄酸化物	二酸化硫黄 三酸化硫黄	物の燃焼	ばい煙発生施設
	ばいじん	すすなど	物の燃焼又は熱源としての電気の使用	同上
	有害物質	窒素酸化物など	物の燃焼,合成,分解など	同上
		カドミウム,鉛,フッ化水素,塩素,塩化水素など	物の燃焼,合成,分解など	同上
	(特定有害物質)	未指定	物の燃焼	同上
粉じん	一般粉じん	セメント粉,石炭粉,鉄粉など	物の粉砕,選別,たい積など	一般粉じん発生施設
	特定粉じん	石綿	同上	特定粉じん発生施設
自動車排出ガス		一酸化炭素,炭化水素,鉛,窒素酸化物など	自動車の運行	特定の自動車
特定物質		フェノール,ピリジンなど	物の合成等の化学的処理中の事故	特定施設(政令等で特定せず.)

(出所:公害防止の技術と法規編集委員会編『五訂・公害防止の技術と法規』,産業環境管理協会1998,p.486,表1より一部を抜すい)

およびダイオキシン類については,それぞれ別の法律により規制されている.

これらの大気汚染物質については,それぞれ,大気汚染防止法などの定める排出量あるいは排出ガス中の濃度に制限があり,これを排出基準と呼んでいる.これらの規制とは別に,環境基本法に基づき政府が定める行政目標として,環境基準がある.環境基準は直接的に法律的効果を発生するものではなく,これを行政目標として大気汚染防止法に基づく排出規制,立地規制などの措置が講じられる.

硫黄酸化物については,大気汚染防止法により,施設ごとに,有効煙突高度(第11章参照)と地域ごとに定められた係数(K値)より計算されるqの値以上の排出が規制される.この規制方法は一般にK値規制と呼ばれている.さらに,このK値規制では環境基準の確保が困難な地域にあっては,その地域内の発生源から排出が許容される大気汚染物質の総量を算定し,これに基づいて規制する方法があり,総量規制と呼んでいる.

総量規制の対象となる物質は政令で定められた「指定ばい煙」であり,現在は硫黄酸化物と窒素酸化物のみが指定されている.総量規制の対象となる地域は指定ばい煙ごとに政令で定める地域(指定地域)である.ここでは総量規制の基本的な考え方を示すために,硫黄酸化物の場合について説明する.

指定地域においては,都道府県知事は指定ばい煙総量削減計画を作成しなければならない.ここで,科学的に算定された総量とは,第11章で説明した大気拡散の予測手法により環境濃度を計算する際の各発生源での排出量を合算した排出量合計のことである.そして,この計算された大気汚染濃度が環境基準を達成できるように各発生源に対する規制が検討される[5].

環境問題の技術的な側面として,産業の発達とともに新たな環境負荷が発生し,その中のいくつかは社会問題として顕在化してくる.このような事態になると,その汚染現象を科学的に解明し,その予測および規制手段が確立され,対策が講じられるようになる.そして,多くの問題はこのような過程を経て解決されるが,いくつかの問題は規制等の対応にもかかわらず,汚染が進行することもある.例えば,わが国の大都市での窒素酸化物による大気汚染などである.

このような行政的な対応において,汚染物質の排出と環境汚染との因果関係が十分に解明されるのを待って,その対策を講ずるのでは,健康被害発生や

被害拡大の未然防止の観点からも適切ではない．したがって，行政的対応においては，ある程度の「わりきり」が必要であり，不十分な知見であっても，それに基づく決断が求められる．しかし，科学技術の進歩（例えば，第10章で述べたような環境計測技術の進歩）によって，かつての法律制定時にはわからなかった汚染発生のメカニズム等が後に明らかになり，規制法令の根拠となる科学的知見の不備が明らかになることもある．このような場合，あまり頻繁に法令が改廃されるのは適切でない場合もあるが，明らかに不適切な技術的手段に固執している硬直化した制度は社会的な信頼を失うことになる．とくに，環境汚染の予測手法などは急速に進歩している分野であり，具体的な方法も定めている環境影響評価制度や排出基準の設定に関しては，定期的な法令，指針等の改正は不可欠である．このため，わが国の環境影響評価法においても，その51条で，「国は，環境影響評価に必要な技術の向上を図るため，当該技術の研究及び開発の推進並びにその成果の普及に努めるものとする．」としている．

13.3 都市計画と環境保全

かつて環境問題を公害についての問題と考えていた時代，多くの環境問題においてはいかにして，我々に不都合な環境要素を改善してゆくかという点が最大のテーマであった．その後，環境要素の悪い点のみではなく良い環境とはどのようなものかを考えて，むしろ積極的に良い環境を創造してゆくための政策が重要な課題となってきた．このような場合における「良い環境」を測る尺度として「快適性（アメニティー）」という言葉が用いられるようになった[6]

快適な環境を創造するためには，個々の環境へ負荷を与える施設の設置や対策を議論するのみではなく，土地利用計画や都市計画の段階において望ましい工場設置や道路網の整備，保存すべき緑地の選定などを考えておくことが大切である．例えば，騒音，振動，悪臭等の発生源となる工場が住宅地域の中にあるのは好ましくない．また，住宅地域の中の細街路へ通過交通の大部分が流入するような計画は避けるべきである，等々の事項である．

都市計画においては，基本的な土地利用計画や交通計画（道路網計画の他に公共輸送機関も含む）の他に，種々の産業基盤整備事業，上下水道計画，防災

計画, 生活環境関連施設 (公園, 医療施設など) についても配慮することが必要であるが, このような総合的な計画の中でアメニティーをどのように高めてゆくかを考えることが重要である.

13.4 わが国の環境行政組織と環境予算

わが国では, 2001年に中央省庁改革が行われ, それまでの環境庁は環境省となった. 環境省の機構は平成15 (2003) 年末の時点で1官房, 4局, 3部, 27課, 定員1048人である. ここで, 4局とは, 総合政策環境局, 地球環境局, 環境管理局, 自然環境局である. なお, 国立環境研究所は2001年に独立行政法人となったが, 環境省の管理下にある[7].

平成14 (2002) 年度の環境省予算規模は約2640億円である. そして, 予算総額の2/3は公共事業関係費であり, このうち最大の費目は廃棄物処理施設整備事業費, 約1600億円である.

わが国の行政組織では, さまざまな環境政策に係る権限が多くの省庁に分散している. 例えば, 農薬の規制は農林水産省, 産業汚染防止技術の開発は経済産業省, 道路交通による大気汚染, 騒音・振動の防止は国土交通省などである[7]. このため, 予算面で見ても, 環境保全経費2兆7400億円の配分は図13-1のようになっている[8].

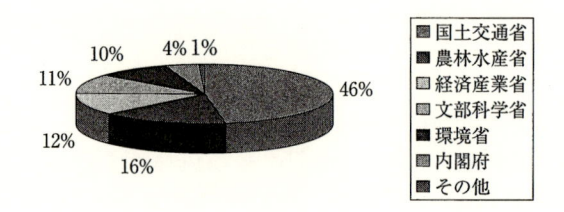

図13-1 平成14 (2002) 年度の環境保全経費の府省別配分額

参 考 文 献

1) 山口光恒：地球環境問題と企業，岩波書店（2000）
2) 経済産業省製造産業局化学物質管理課：「事業者による有害大気汚染物質の自主管理促進のための指針」の改正とパブリックコメントの結果について（2001）
3) 経済産業省関東経済産業局，（社）産業環境管理協会：有害大気汚染物質拡散予測プログラムソフト（METI-LIS）の無償公開のお知らせ，環境管理，Vol.37, p.828-830（2001）
4) 公害防止の技術と法規編集委員会編：5訂・公害防止の技術と法規（大気編），産業公害防止協会（1998）
5) 環境庁：窒素酸化物総量規制マニュアル，公害対策研究センター（1982）
6) 河村武，高原榮重 編：環境科学 II，人間社会系，朝倉書店（1989）
7) OECD（経済協力開発機構），新版，OECD レポート：日本の環境行政，中央法規出版（2002）
8) 環境省編：平成15年版環境白書，http://www.env.go.jp/policy/hakusyo（2004）

第14章

環境アセスメント

　我々の生活水準をより豊かで快適な状況にするために，さまざまな事業が必要とされている．例えば，発電所や工場などの産業施設，道路や鉄道などの交通施設，公園などの公共施設の建設と運用である．これらの建設や運用に当たって環境への影響を，その事業が始まる前にあらかじめ予想し，環境影響を少ないように配慮することが必要である．このために環境影響評価法が1997年に制定された．いわゆる環境アセスメント法である．アセスメントという言葉はアメリカの国家環境政策法において，連邦政府が関係する事業に対して事前評価を義務付けるのに使われた用語で，日本でも民間からの要望が強く広く用いられている．

14.1　環境アセスメントとは

　アセスメントとは，ある行為に先だってその結果を予測，評価することをいう．つまり，環境アセスメントは，環境汚染が発生してから対策を講じるのではなく，事業や行為が環境に与えうる影響を事前に評価し，環境の物質的汚染，自然や文化財，景観などの損壊を未然に防ごうというものである．日本語では「環境影響評価」という言葉が使われる．アメリカの環境アセスメントでは，環境への悪影響の評価だけでなく，事業や行為が環境に与える利便性や快適性，地域の個性（歴史や文化）といったプラスの効果も評価の対象としている[1]．

14.2 環境アセスメントの歴史

アメリカは，各国に先行して，国家環境政策法を1969年に制定し，これに基づいた環境アセスメントを1970年から行っている．

日本においては，1960年代の深刻な公害問題の発生を契機に，1967年に公害対策基本法が制定された．しかし，これは，すでに行われている事業に起因する環境汚染を解決するための環境基準の設定や規制などの対策を行うためのものであった．1971年には環境庁が設立され，事後対策のみならず，環境汚染を未然に防ぐことも課題として掲げ，1972年には環境アセスメント制度の導入が閣議で了解されるなど，国としての取り組みが始まった．しかし，法律の整備は要望されながらも遅れ，1984年の閣議決定による環境アセスメント実施要綱の策定，1993年に制定された環境基本法における環境影響評価推進の提示を経て，環境影響評価法が制定されたのは1997年のことである．

法制化に先んじて，国では閣議決定に基づいて，あるいは個別の事業に関連する法律に盛り込まれた条項によって所管する省庁（主務省庁）が，また地方自治体では条例や要綱を定め，それぞれ独自に環境アセスメントを実施してきたが，環境影響評価法の制定によって，統一的に実施されることとなった．2002年までに行われた環境アセスメントは，国では約600件，地方自治体では約1500件を数える[2]．

14.3 わが国の環境影響評価制度

環境基本法第20条（環境影響評価の推進）では，「国は，土地の形状の変更，工作物の新設その他これらに類する事業を行う事業者が，その事業の実施に当たりあらかじめその事業に係る環境への影響について自ら適正に調査，予測又は評価を行い，その結果に基づき，その事業に係る環境の保全について適正に配慮することを推進するため，必要な措置を講ずるものとする．」としている．公共水面の埋め立てや造成，施設の新設を計画している事業者が自主的に調査，予測，評価を行い，その結果を公表して国民，地方自治体から意見を

14.3 日本の環境影響評価制度

図14-1 環境アセスメントの手順

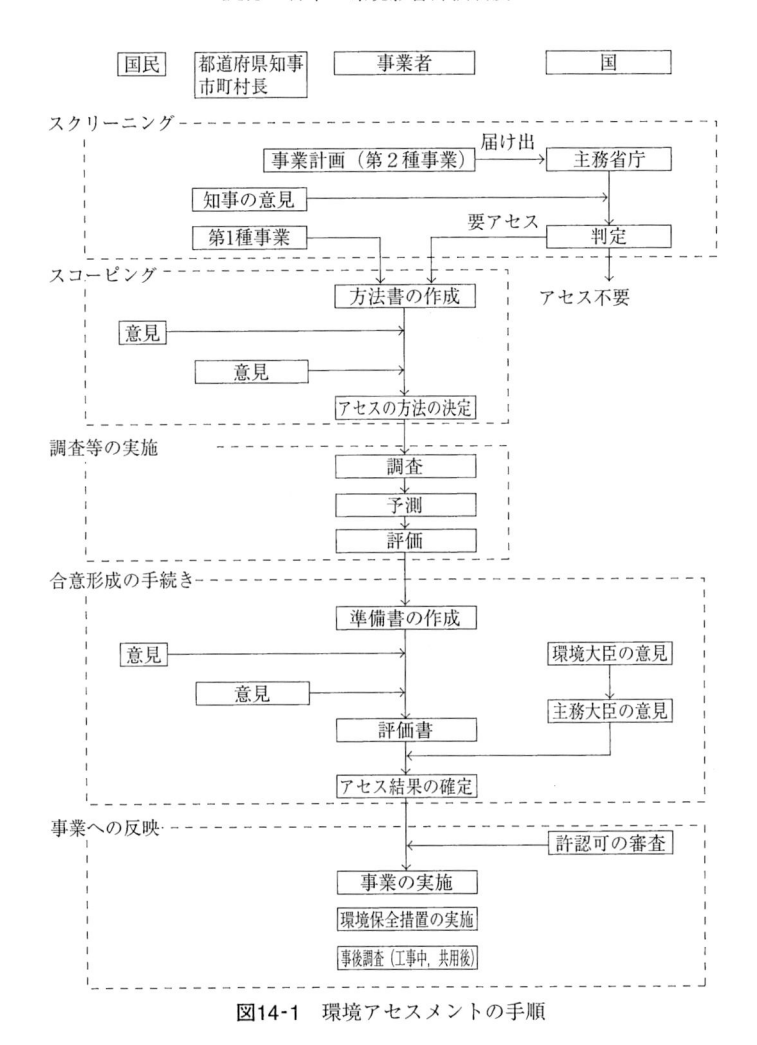

聞き，環境保全の観点からより良い事業計画とする制度である．

環境アセスメントの手続きを図14-1に示す[3]．一定規模以上に大きな事業は第1種事業として環境アセスメントが義務付けられている．規模は小さくても環境への影響が懸念される事業については第2種事業として環境アセスメントを行うか否かを個別に判定する．この際に、事業者は事業の概要を事業の許認可権者に提出し，都道府県知事の意見を聞いた上で，60日以内にアセスメン

トが必要か不要か判定される．この手続きはスクリーニングと呼ばれている．

　アセスメントが必要な場合，事業者はどのようなアセスメントを行うかを記載した「環境影響評価方法書」（方法書）を作成し，事業を行う地区の知事，市町村長に送付し，意見を聞く．アセスメントでは対象地域の状況に応じた調査が必要であり，地域の環境に関心のある住民や地方自治体からの意見を事業計画に反映するためである．この手続きはスコーピングと呼ばれる．方法書には，どのような項目をどのような方法で調査・予測・評価するかを記載する．方法書を作成したことを公告し，地方公共団体の庁舎などで1ヶ月間縦覧する．方法書の内容については環境保全に意見のある人は誰でも意見書を事業者に提出することができ，事業者は意見の概要を知事と市町村長に送る．知事はこれらの意見を踏まえて事業者に意見を述べ，事業者はそれを踏まえて環境アセスメントの方法を決定する．スコーピング，スクリーニングを導入することにより，事業を始める前の早い段階から地域の特性に応じた環境アセスメントを検討し，事業計画をたてることができると期待されている．

　調査・予測・評価の結果について意見を聞くために，事業者は「環境影響評価準備書」（準備書）を作成する．準備書には評価に基づく環境を保全するための対策の検討が含まれ，事業者の環境への姿勢が現れる．準備書の取り扱いは方法書に準じて，公示，縦覧され，広く意見が求められる．事業者はこれらの意見を検討し，必要に応じて準備書の内容を見直して「環境影響評価書」（評価書）を作成する．評価書は主務大臣と環境大臣に送られ，環境大臣は必要に応じて環境保全の立場から意見を主務大臣に送り，主務大臣は事業者に意見を述べる．事業者は意見を検討して最終的な評価書を確定し，公告，縦覧を行う．評価書を公告して事業者は事業を実施することができる．

　環境影響評価法の成立の遅れから地方公共団体は独自に環境アセスメント制度を条例として実施してきた．これは国の制度に比べて，地域の実情を考慮して，対象事業の種類を多くしたり，公聴会の開催や，第3者の意見の陳述，事後モニタリングなどを含んでいたりする．国の制度と重複しないように法の対象事業は条例ではアセスメントを義務付けることはできない．個別の事業が，自治体などが推進する事業計画の一部である場合には，その上位計画段階での環境への配慮が重要となり，計画の策定者が中心となって環境アセスメントを進める．これは戦略的環境アセスメントと呼ばれている．

14.4 環境影響の予測手法

環境アセスメントでは,表14-1に掲げたような項目について調査を行う[3].環境の自然的構成要素としては,大気環境,水環境,土壌環境があり,生物の多様性を確保するためには動物,植物,生態系,が重要である.また,人と自然との豊かな触れ合いとしての景観,触れ合い活動の場があり,その他の環境への負荷としては廃棄物や温室効果ガスなどがある.事業内容に応じて調査項目は適宜,取捨選択する.環境の現状についての既存の資料を収集し,無ければ測定をする.環境の現状は,点での資料と面的な資料とに大別される.面的な資料の表示は,地理情報として図化する.縮尺は,事業規模により5万分の1や2万5千分の1,1万分の1など国土地理院発行の地形図に準ずる.

環境アセスメントの手続きを円滑に進めるために,環境アセスメントに関連した基礎的な環境情報の整備が重要である.環境情報を集約した「環境アセスメントベースマップ」の作成である[4].地形,地質(土壌),土地利用,植生については既に整備されているが,精度や最新情報の取り込みが不十分であり,パソコンで取り扱えるデータとして整備する必要がある.国土地理院は土地の標高を50m間隔のラスタデータで公開している.一方,生態系の存在する地域や環境の脆弱な地域などの地域情報は点や線,線の閉じた境界面(ポリゴン)でベクタデータである.

表14-1 環境アセスメントの調査項目

1.環境の自然的構成要素の保全	大気環境	大気質
		騒音
		振動
		悪臭
	水環境	水質
		底質
		地下水
	土壌環境	
2.生物等の自然環境の保全	植物	
	動物	
	生態系	
3.人と自然との触れ合い	景観	
	触れ合い活動の場	
4.その他の環境への負荷	廃棄物等	
	温室効果ガス等	

事業計画に基づく環境への影響を予測するには，類似の事業での環境影響を類推するシミュレーション・モデルを用いる．モデルは多くの場合，物理過程に基づく数値モデルであるが，統計的なモデルの場合もある．評価は環境基準があればそれに準じて行うが，地域の特性を十分に考慮する必要がある．

環境アセスメントの中で最も重要な構成要素は環境予測手法である．制度の法律的な枠組みができても，環境予測は科学技術であるため予測精度を考慮しなければならない．環境濃度の予測値が過大評価であれば，事業者は必要以上の環境対策を強いられる．予測値が過小であればアセスメントの段階で問題にならなかった事項が施設の完成後に問題になりかねない．行政的に利用される環境影響予測手法は，予測値の含む誤差を評価し，そのリスクについても考えることが大切である．

環境影響予測手法の技術的水準が社会の要請に見合うように予測手法の開発・改良の努力と新しい科学的な知見を取り込める制度的な柔軟性が必要である．科学技術や社会構造の発達と共に変化した新しい施設は，従来とは異なる環境影響を及ぼす可能性がある．汚染者負担の原則からは，既存の予測手法が適用できない施設の環境アセスメント手法の開発は事業者の責務である．事後調査で予測結果が誤ったことが判明した場合，アセスメント時点で利用可能（開発可能）な最良の予測手法を採用していたかを確認し，責任の所在を明確にすることも大切である．

参 考 文 献

1) 原科幸彦編：環境アセスメント，放送大学教育振興会（1994）
2) 日本環境アセスメント協会：新たな環境アセスメントの創造と持続可能な社会の創世へ（2005）
3) 環境影響評価情報支援ネットワーク：環境アセスメント制度のあらまし
   http://assess.eic.or.jp/panfu/index.html
4) 環境省総合環境政策局：環境アセスメントベースマップ整備マニュアル
   http://assess.eic.or.jp/manual/

第 15 章

環境経済

　大気汚染や水質汚濁などの環境問題の発生は主として人間の活動に由来するものであるが，かつて，経済学が発展してきた過程では，商品経済など市場での交換プロセスに焦点をあてた分析が主流をなし，経済的な価値を評価し難い環境要素は研究領域から除外されていた．しかし，近年の環境問題への関心の高まりとともに，環境破壊に対する負の経済的価値の認識や環境問題を解決するための経済的手法にも関心が高まっている．

15.1 環境問題の経済的側面

　一般的に製品やサービスなどの効用の創出に伴って，環境の質の低下がもたらされる．すなわち，経済的な価値（生産物と呼ぶ）を生産する際の有害な副産物が公害（環境破壊）であり，この生産物と副産物は結合していると考える．すなわち，公害を負の経済的価値をもつ財と見れば，それは結合財的な性格を有するとみなすことができる．環境を重視して公害のない世界を実現しようとすれば，副産物が生じないように生産物の生産を中止してしまうことになる．これは多くの場合，大多数の賛同が得られる政策判断とはなり得ないであろう．

　ここで，生産物の数量を増加させたときの生産物の需要 D とそのための費用 S_0 の関係は図 15-1 に示すようになり，両者が均衡する E_0 に対応する数量 q_0 が生産される．しかし，副産物によって蒙る社会的費用（例えば税金によっ

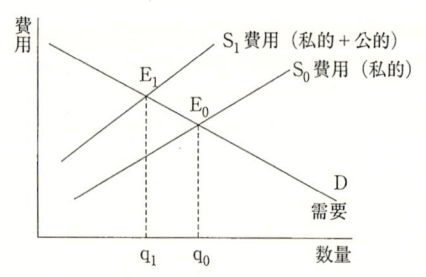

図15-1 社会的費用の有無による最適生産数量の相違

てまかなわれる汚染浄化費用など）を加えた全体の費用を S_1 とすれば，両者の均衡点は E_1 となり，生産数量は q_1 に減少することになる．このとき，E_0 は私企業にとっての理想点であり，E_1 は社会的な理想点である．そして，社会的な理想点においては一定量の"負"の効用をもつ副産物を含んでいる．

次に公害の外部不経済性について考えてみよう．まず，河野[1]より引用して，ミード（Meade）の事例を紹介しよう．リンゴ農家と養蜂家の話である．リンゴ農家と養蜂家がともに資本と労働を2倍投下したときに，リンゴと蜂蜜の生産量は2倍になるとすれば，養蜂家だけが2倍の資本と労働を投下しても蜂蜜の生産量は2倍以下である．しかし，リンゴ農家が2倍の資本と労働を投下すればリンゴ生産量は2倍になり，蜂蜜の生産量も若干増加するであろう．このときに，リンゴ農家の努力は市場を経由しないで，蜂蜜の生産に寄与したことになる．このような効果を技術的外部性と呼んでいる．

正の効用をもたらすものを経済，負の効用の場合を不経済と考えれば，市場を経由しないで，負の効用をもたらす排水や排気による環境破壊は「外部不経済」であると見ることができる．

このように相応な対価の支払いを伴わないで財（負の効用をもつ公害なども含む）が移動する状態を放置しておくことは，社会的な公正に反する事態を招くことにもなる．社会的に不公正な事態に対して租税徴収，補助金交付などの政策を通じて外部不経済の解消を計ることもあり，このような政策を内部化政策（ピグー政策）と呼ぶこともある．

この外部経済，外部不経済の理論はA. マーシャル（イギリスの経済学者）により提唱され，その弟子のC. ピグーにより確立された[2]．またピグーは厚生経済学の確立にも貢献した．このため，環境についての外部不経済を内部化

するための環境税をピグー税とも呼んでいる[3].

これに対して，R. H. コース（アメリカの法経済学者）は，汚染者と被害者との間の権利が明確に定められており，かつ情報が対称的（情報取得に関して公平）であれば，当事者間の交渉によって，外部性を解消することができると主張した．そして，コースは外部不経済解消のための税の徴収は適当ではないと批判した．後に，この考え方はコースの定理と呼ばれている[2,3]．しかし，コースの定理が有効に機能するためには，情報公開制度，損害賠償制度，民事訴訟制度，さらにそれらを担保するための法令の整備が不可欠である．

15.2 環境の費用と汚染者負担の原則

環境汚染の防止対策費用の負担に関して，汚染者負担の原則（polluter pays principle, PPP）という考え方がある．これは1972年に経済協力開発機構（OECD）が提唱した原則であり，世界各国における環境政策の基本的思想として受け入れられている．この原則を OECD が提唱した背景には，国際貿易上の競争条件の均一化を目指し，特定の国では政府の支出によって環境対策設備が整備され，ある国では私企業の負担で同様の設備投資が行われるという不公平な競争条件の排除をねらったことがある．

環境汚染の多様化と深刻化につれて，PPP原則では対応できない問題も頻発している．その最も顕著な事例がアメリカにおける包括的環境対処・補償・責任法（スーパーファンド法）の成立であろう．この法律ではPPP原則よりも汚染の除去（環境破壊の回復）を優先させている．そして，その資金的裏づけを得るために莫大な政府支出とともに汚染原因者の範囲も非常に広く解釈する手法を採用している．また，わが国において，被害補償等で経営不振に陥っている公害発生源の企業に対する救済策が検討されていることもPPP原則とは相反する政策であろう．

近年，環境破壊に対する社会的な責任追及が厳しくなり，アメリカなどでは事故による有害物質の排出に対して莫大な費用の支払いを余儀なくされる事態となっている．このため，多くの企業では環境対策として保険制度を利用している．しかし，原子力施設での最大仮想事故に関しては，補償額が天文学的数

字となり，私企業による保険金額の支払いを前提とすれば，その産業自体が存立できなくなることから，一定額以上の被害発生に対して，その補償は免責するための法令に基づいて，原子力産業を保護している国が多い．

アメリカでは，1957年に原子力委員会において，大型原子力発電所の大事故の理論的可能性と結果（WASH-740報告書）を発表し，最大仮想事故を損害額70億ドル，死者3400人としている．そして，この被害に対して，事業者が民間保険により支出すべき補償上限額を6000万ドルと設定するプライス-アンダーソン法が制定されている[4]．その後，補償額等の若干の見直しも検討されているが，多くの国では，この事例を参考にしている．

環境の定義については，第1章でも説明したように，私たちの周囲という「とりとめのないもの」ではあるが，最近になって，その経済的価値の定量的評価が注目されるようになった[5]．例えば，室内に置く芳香剤や空気清浄機のように，一定の環境改善に対する対価が容易に把握できるものもある．

環境改善のための費用は，その作業内容や設備が明確になれば，算定も容易である．しかし，すでに絶滅した生物種や枯渇してしまった天然資源

表15-1 環境の貨幣単位での評価方法

方　法	概要説明
旅行費用法 TCM（Travel cost method）	レクリエーション・サイト（観光地）への旅行の頻度，その費用等を質問する．そして，サイトの環境が変化した場合の回答との比較分析から環境の経済的価値を評価する．
ヘドニック価格法 （Hedonic price method）	非市場財の変化による代理市場の価格への影響分をその評価値として推定する方法である[5]．環境要素を含む多数の要因を説明変数として，ある商品の価格を推定する重回帰式を求め，環境要素の増減による価格変動差分を評価する．
仮想市場評価法 CVM（Contingent valuation method）	回答者に対して直接的に望ましい環境変化のための支払い意思額（WTP）あるいは環境悪化を許容するための受取補償額（WTA）を質問することにより，環境の経済的な価値を評価する方法．
コンジョイント分析法 （Conjoint analysis method）	商品に対する選好または購入意向の程度を，多数の要因についての個別の効果（部分効用値）の合計であると仮定して，この部分効用を推定する．この際に要因の中に環境要素と価格を含めることにより，環境の貨幣単位での価値を推定することができる． なお，離散選択モデルも広義のコンジョイントモデルに含めて考えることができる．

（出所：岡本眞一『環境マネジメント入門』日科技連，(2002)，p.15，図表1.9）

などの再生は不可能であり，その貨幣単位での評価も困難である．また，環境汚染などの不都合を受け入れる際に，その負の効用を相殺するために妥当と考えられる金額を受取補償額（willingness-to-accept compensation, WTA）と呼んでいる．このような場合を含めて，多くの環境についての価値評価に対しては，表15-1に示すような方法が提案されている．これらの価値評価手法は個人の主観的効用についての質問に対する回答結果に基づいている．このため，その価値を正しく認識できる回答者を選定しているかによって，受取補償額（WTA）や支払い意思額（willingness-to-pay, WTP）の推定精度には大きな相違が生ずる．例えば，公害健康被害者の苦痛を理解していない回答者に対する調査では，その受取補償額（WTA）は著しい過小評価となることに注意する必要がある．

15.3　環境政策の経済的側面

環境問題の発生を技術的外部不経済による市場の歪みと見れば，その対策として，環境破壊の費用を内部化するような政策は「市場の失敗」に対する一つの処方箋となり得る．ここでは，このような環境政策の経済的側面について考えてみよう．

排出物による環境汚染を解決するためには法令による直接規制の他に，租税

表15-2　環境対策の経済的手法

手　法	例	導入している国
税・課徴金	炭素税 硫黄酸化物排出課徴金* 排出課徴金	デンマーク，スウェーデン，オランダ など 日本 ドイツ，フランス など
排出許可証取引	硫黄酸化物排出権売買制度** 京都メカニズム	アメリカ 京都議定書締約国
預託金払戻し制度	飲料容器デポジット制度 電球，冷蔵庫デポジット制度	ドイツ，オランダ，ノルウェー など オーストリア
資金援助	環境対策装置・設備投資に対する低利融資 エコ商品（ソーラー発電システムなど）購入者への助成制度	日本など

*　公害健康被害者救済
**　酸性雨対策の促進

徴収や補助金交付などの経済的なインセンティブを与えることにより汚染解消を誘導する政策も考えられる．このような市場メカニズムを通じて環境に関する外部不経済を解決しようとする方法を環境対策の経済的手法と呼んでおり，そのための税を「環境税」という．この経済的手法には表15-2に示すような方法がある．とくに地球温暖化防止のためにCO_2排出抑制を誘導する炭素税がヨーロッパ諸国では適用されており，その是非についてわが国でも議論が始まった．さらに，CO_2排出削減のために，京都議定書の中にはさまざまな方法が盛り込まれている．

(1) 環境政策のマクロ経済への影響

どの程度の環境対策が国民全体にとって，最大の効用をもたらすことができるかを考えてみよう．このような場合の分析手法として，環境対策のための設備投資によって，どの程度に製品のコストが上昇して製品の需要が減少するか，また，その整備投資によって環境対策装置産業での需要が増加するのか，さらに，これらにより物価水準や雇用への影響はどうなるのかを数式により記述して，種々の政策シナリオについての予測値を求める方法がある．このような方法をマクロ経済影響の計量経済モデルと呼んでいる．

OECDは1991年に日本の環境政策についての評価を発表している．この中で，日本では膨大な公害防止投資を行っても，それによる雇用の減少などマクロ経済影響が無視できるほどであり，間接的な便益をも考慮すれば，おそらく利益が勝っていたと結論づけている．この点について環境庁では1965～75年の公害対策投資5.3兆円（1970年価格換算）の影響と効果について計量モデルによる評価結果を発表しているが，この中で公害対策がない場合に比較して，公害対策投資により（貿易）黒字は3000億円減少するが国民総生産は0.9％増加することを述べている[6]．ここでは脱硫・脱硝装置など多くの設備が海外からの調達ではなく，国内における公害防止機器産業に需要増加があったことに注目する必要がある．

(2) 産業構造の変化

1960年代後半の深刻な公害問題をマクロ経済指標の上では大きな変化もなしに克服できたことは，わが国にとって幸運であった．それは公害防止のため

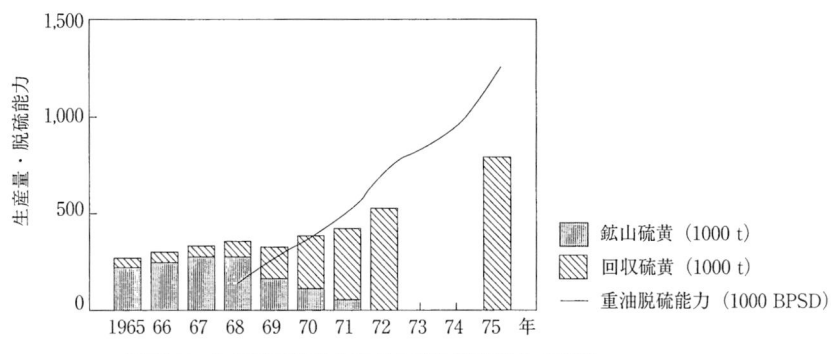

図15-2 わが国の硫黄生産量と重油脱硫能力の推移
(データ出所：鉱業便覧，公害防止の技術と法規)

の投資が国内での新たな需要を喚起したからに他ならない．しかし，個々の産業ごとに見れば大きな変化があり，公害防止装置産業と環境負荷が大きく莫大な設備投資を求められた産業では，まったく立場が異なる．さらに硫黄鉱山のように脱硫装置の副産物（もし用途がなければ廃棄物になるような負の価格をもっている物）によって完全に存立基盤を破壊されてしまう産業も出てくる（図15-2参照）．そして，国内の需要量以上の回収硫黄が生産されると，韓国，台湾，中国などに年間数十万 t 程度が輸出されることになる[7]．

わが国では 1960 年代前半より石炭から石油へのエネルギー転換が進み多くの炭鉱が閉山していった．これと類似の現象がアメリカ中部の炭鉱地帯で発生することが懸念された．1990 年の大気清浄法改正により酸性雨対策の一環として大幅な SO_2 排出量削減が求められ，これによって硫黄分の多いオハイオ州からアパラチア山脈にかけての石炭の需要が減少すると予測された．このため，大気清浄法に失業対策の条項が加えられた．

15.4 環境問題と貿易

各国の環境政策はしばしば国際間の貿易摩擦の原因ともなっている．例えば，デンマークにおける飲料容器の問題である．デンマークでは，1981 年に飲料容器を回収・再利用可能なものに限定したため，デンマーク国外の飲料業

者にとっては回収コストなどの点で大きな不利益が生じた．このため，デンマークへ飲料を輸出している国はEC委員会，欧州裁判所へ「デンマークの規制」が自由貿易の原則に反するとして提訴したが，環境保護の重要性が優先するとして，訴えは退けられた[8]．

また，北アメリカでは，アメリカによるメキシコからのマグロおよびその缶詰の輸入制限の問題，アメリカとカナダとの水産物の輸入規制の問題などが自由貿易と環境保護とのトレードオフ問題として注目されるようになった．

(1) 多国間環境協定

多国間環境協定（multinational environmental agreements, MEA）とは野生生物種の保護に関するワシントン条約やフロン規制に関するモントリオール議定書のように環境保全を目的として多国間で合意された条約や協定のことで，1990年時点で，既に130程度のMEAがあった[9]．

ここで問題となるのはMEA加盟国と非加盟国との貿易である．フロン規制によるオゾン層保護，CO_2排出規制による温暖化防止は世界共通の利益になるが，非加盟国に対する貿易措置を認めないと「ただ乗り」を許容することになり，公平でないと考えることもできる．しかし，このようなMEA非加盟国の多くは南側の開発途上国に多く，新たな南北問題ともなっている．

(2) PPM問題

製品のライフサイクルでの環境負荷に基づいて環境影響を評価すれば，当然，製造工程を含めた製法アセスメントが重要な意味をもつ．そして，ライフサイクルでの環境負荷の小さい製品のみを購入する，あるいは環境負荷の大きい製法で作られた製品の輸入を制限するという問題があるが，ともに自由貿易の原則に反するとの考え方もある．このような問題を工程・製造方法（processes and production methods, PPM）問題と呼んでいる．

PPM問題は貿易の技術的障害に関する協定（agreement on technical barriers to trade, TBT協定）との関係で議論されている．また，貿易上の規制がまったくなければ，排出規制の厳しい国から規制基準の甘い国へ環境負荷の大きい工程（または工場）を移転することになるとの主張もあり，これは「公害輸出」と呼ばれている．

参 考 文 献

1) 河野博忠：環境経済, 河村高原編「環境科学II, 人間社会系」第2章, 朝倉書店（1989）
2) 三橋規宏：環境経済入門, 日本経済新聞社（1998）
3) 山口光恒：地球環境問題と企業, 岩波書店（2000）
4) 室田武：新版 原子力の経済学, 日本評論社（1986）
5) 大野栄治 編著：環境経済評価の実務, 勁草書房（2000）
6) 小林光：地球環境政策のマクロ経済への影響, 大来佐武郎監修「地球環境と経済」第4章, 中央法規出版（1990）
7) 通商産業省大臣官房調査統計部：資源統計月報　1994-6
8) 兼光秀郎：環境保護と貿易制限, 環境研究, 92, p.15～30（1993）
9) 高月紘, 仲上健一, 佐々木佳代：現代環境論, 有斐閣（1996）

第16章

企業の環境配慮

　技術の進歩と産業生産規模の拡大に伴い，地球上の大気や水の量は無限の存在ではなくなりつつある．そして，私たちの生活水準の向上と環境の保全を同時に達成するためには，環境負荷の少ない企業活動が求められる．
　環境問題の深刻化とともに，環境に配慮した企業活動を求める社会的要請も強まっており，環境重視の経営姿勢がますます大切になっている．

16.1　環境問題を巡る企業環境

(1)　消費者の対応

　1970年代よりアメリカおよび西ヨーロッパ諸国では，環境配慮に欠ける企業の製品を拒否する消費者の運動が活発になってきた．このような商品選択において，その商品自体あるいはその製造・販売を行っている企業の環境対応を重視する消費者を「緑の消費者」Green Consumerと呼ぶようになった．そして，旧西ドイツでは，1977年にブルー・エンジェルという環境ラベルが採用されている[1]．また，1980年代後半になると，イギリスでも同様の消費者運動が活発になり，商品や企業の環境重視度（グリーン度）を紹介する情報誌が出版されるようになる．例えば，1989年にイギリス・サスティナビリティ社から出版された「グリーン・コンシューマー・ガイド」は百万部に達するベスト・セラーとなった[2]．
　1995年には洋上石油掘削リグ「ブレントスパー」を北海に海洋投棄する計

画を立てたシェルはオランダ，ドイツなどでシェル製品の不買運動に巻き込まれ，一時期40％も売上げが落ち込む結果となった[3,4]．このように，ヨーロッパやアメリカでは，消費者の意向も無視できないものとなっている．

アメリカでは，1990年代より，環境，自然，健康を重視したローハス (lifestyles of health and sustainability, LOHAS) という生活スタイルが提唱され，その考え方に基づく消費行動に対応する健康食品，エコ製品などの巨大市場が急速に形成された．LOHAS誌によれば，アメリカでのLOHAS市場の規模は約30兆円と報告している[5]．

(2) 投資家の対応

アメリカでは，古くから投資行動を通じて企業に変革を迫る社会的責任投資 (socially responsibility investment, SRI) という手法がしばしば採用されており，1920年代にはアルコール関連株の売却などが行われたが，その後も，それぞれの時代の倫理的な課題と結びついて同様の動きが見られた[2]．そして，1980年代に入ると，環境問題が焦点となり，投資を通じて環境重視の経営姿勢をとることを要求するようになった．このSRIは企業が果たすべき責任 (corporate social responsibility, CSR) の一部と見ることもできる．

とくに，1989年にアラスカ沖でエクソン社のバルディーズ号が原油流出事故を起こしたことを契機にこのような動きが加速され，セリーズ (coalition for environmentally responsible economies, CERES－環境に責任をもつ経済のための連合) がバルディーズ原則を公表し，株主の力を背景にバルディーズ原則の採用を迫った．しかし，この原則を採択した企業の数はあまり多くなく，セリーズの運動そのものは不成功に終わったが，その後の産業界における環境への取り組みに大きな影響を与えたといわれている．

また，最近では，環境に配慮する一般投資家向けにエコファンドを売り出す金融機関が増えている．エコファンドとは，環境に配慮している企業の株式に積極的に投資する株式投資信託である．さらに，このような環境配慮事項を含むさまざまな情報に基づく企業の価値評価（環境格付け）を主として投資家向けに有料で提供している機関もある[6]．このような格付けにおいては，法令違反を行っている企業，武器などを扱っている企業などを高リスク企業としてスクリーンにかけて，排除している例も見られる[7]．

(3) 環境リスクの増大

企業を取り巻く多くの利害関係者が環境に関心をもつようになると，企業はさまざまな環境リスクにさらされることになる．フロンガスのように開発当初は火災や爆発の危険もなく，毒性もないことから夢の化学物質といわれていたものが，オゾン層破壊の元凶として非難されるようになった．また，1948年にはDDT（ジクロロ・ジフェニル・トリクロロエタン）の殺虫効果の発見により，スイスのミューラーはノーベル賞を受賞している．しかし，1980年代にはフロリダ州・アポプカ湖におけるワニの減少や生殖器異常の原因物質の1つはDDTなどの農薬であるとして注目され，環境ホルモン汚染への関心の高まりの契機ともなった[8]．このような製品開発技術の進歩と環境影響評価技術の進展との乖離が環境リスクを増大させているともいえる．アメリカではラブキャナル事件の教訓から厳しい土壌汚染浄化責任を関係者に負わせる包括的環境対処・補償責任法（スーパーファンド法）が1980年に制定された．このような新たな法令の施行により企業の環境リスクは増大する傾向にあり，企業の安全管理・防災活動はますます重要になっている．しかし，新たな法令による環境対策費用の増加は，その受皿となるべき新たな需要を発生させることにもなり，アメリカのブラウン・フィールズ開発[9]など，さまざまな分野で新たなビジネスチャンスを作り出すことにもなっている．

(4) 環境ビジネス

多くの企業が環境に配慮した行動をとるようになれば，当然のこととして環境対策装置や環境負荷低減作業が求められ，関連する産業では需要の増大となる．このような産業を「エコ・ビジネス」，「環境産業」などともいうが，環境省では，「環境ビジネス」と呼んでおり[10]，表16-1に示すように3種類に分類している．そして，現状（2000年時点）におけるわが国の「環境産業」の

表16-1 環境ビジネスの市場規模（2000年）

項　目	規模(兆円)
環境汚染防止（廃棄物処理など）	9.6
環境負荷低減技術及び製品	0.2
資源有効利用（再生素材など）	20.2

（データ出所：環境省『平成16年版環境白書』
ぎょうせい（2004），p.39，表3-1-1より）

市場規模は約 30 兆円と推計されている．この市場規模は今後も増加すると予測されているが，増加の程度については自動車排出ガス規制や廃棄物処理関連法規などの規制動向と密接な係り合いがあり，法令が市場規模を決定するという側面もある．

16.2 環境マネジメントシステム

(1) わが国の公害防止組織

わが国では，「特定工場における公害防止組織の整備に関する法律」によって，大気汚染，水質汚濁，騒音・振動などの典型的な環境問題に限定されるが，世界でも最も大規模でかつ精緻な環境管理システムの整備を義務づけている．この法律の適用を受ける特定工場においては，公害防止対策の責任者としての「公害防止統括者」と専門技術を認定された「公害防止管理者」，さらに一定規模以上の工場では公害防止統括者を補佐する「公害防止主任管理者」からなる組織を整備することが必要である．そして，公害防止管理者と公害防止主任管理者については国家試験等による認定が必要である．

(2) ISO 14000 ファミリー規格と ISO 14001 環境マネジメントシステム規格

国際標準化機構（ISO）では 1992 年以降，環境関係の国際規格について検討し，環境マネジメントシステム，環境監査，環境ラベル，環境パフォーマンス評価，ライフサイクルアセスメント，そしてその用語についての規格および技術文書などを作成している（ISO では，規格の制定を「発行」という．）．これらの環境関係の規格は表 16-2 に示すようにすべて 14000～番台の番号が付いていることから「ISO 14000 ファミリー規格」とも呼ばれている．

ISO 14000 ファミリー規格は組織（企業等）および製品に関する環境配慮のために ISO が作成した一連の規格である．この中で，組織の環境に係りをもつ活動の要素を管理するためのシステムに関する規格として「ISO 14001 環境マネジメントシステム—要求事項及び利用の手引」がある．

ISO 14001 規格では，環境マネジメントシステムのモデルとして，環境方針に従い，計画（Plan），実施および運用（Do），点検（Check），マネジメントレビュー

16.2 環境マネジメントシステム

表16-2 ISO 14000ファミリー規格

規格	規格番号	特徴
環境マネジメントシステム（EMS） Environmental Management System	14000〜	組織が環境を管理するためのシステムに関する規格
環境監査（EA） Environmental Audit	14010〜 19011	環境を管理するためのシステムの良さを検証すること，すなわちEMSに関する仕様を満たしているかを監査するための規格
環境ラベル（EL） Environmental Label	14020〜	環境に配慮した製品等に添付されるラベルに関する規格
環境パフォーマンス評価（EPE） Environmental Performance Evaluation	14030〜	環境の状態，すなわちEMSの成果の良さを評価するための規格
ライフサイクルアセスメント（LCA） Life Cycle Assessment	14040〜	製品の原材料調達から製造，使用，廃棄まで全段階での評価に関する規格
用語など（T&D）	14050〜	上記の規格等に関連する用語

(Action) というPDCAのサイクルを廻すことにより，環境マネジメントシステム自身とともに環境パフォーマンスの向上を目指しているといえる．

なお，この規格では，環境そのものの良さを「環境パフォーマンス」と呼んでいる．

(3) 審査登録制度

ISOの環境および品質についてのマネジメントシステム国際規格は，その適合性を判定する審査登録制度とともに発展してきた．ISO 14001規格は環境マネジメントシステムの仕様を定めた規格であり，各組織が構築した環境マネジメントシステムがこの規格に合致しているか否かを評価することを適合性評価と呼んでいる．ここでは，ISO 14001の規格要求事項をすべて満たしている場合に「適合」といい，規格要求事項を満たしていない場合に「不適合」という．今日（2003年末）までにISO 14001の認証／登録を受けた事業所数は世界全体で約6万6千件であり，国別では，日本，イギリス，中国の順になっている[11]．

このような認証／登録制度においては，制度自身が信頼されるものであることが求められる．このため，国際的な協力に基づいて，公平かつ透明性の高いシステムとして，国際的に共通な審査登録制度が整備された．そして，各国には，一つずつの認定機関を置き，認定機関によって審査ができる能力があると認定された審査登録機関によって審査が行われている．

(4) その他の環境マネジメントシステムと認証制度など

　ISO 14001 環境マネジメントシステムの適合性評価による審査では，省資源・省エネルギーなどの成果をあげているかを直接的には評価しない．このような環境パフォーマンスを評価するためのISO規格としてはISO 14031があるが，その評価活動を積極的に支援するための仕組みは不十分である．さらに，欧米に工業製品を輸出している企業の多くで，部品供給者である中小企業に対して直接的な環境パフォーマンスの向上を求めるようになってきた．しかし中小の零細企業にとっては，ISO 14001 の要求事項を満たすシステムを構築し，審査登録をし，さらにそれを維持していくことは大きな負担となっている．

　このような社会的要請を背景に，ISO 14001 の審査登録制度を補完するシステムも考えられるようになった．例えば，環境省が主導する「エコアクション21（環境活動評価プログラム）」，エコステージ協会の「エコステージ」などがある[12]．

　また，環境報告書（サステナビリティー・レポート）の作成を支援するGRI（本部オランダ）日本フォーラム，スウェーデンに本部を置いて環境経営戦略を支援するナチュラル・ステップ・インターナショナル日本支部なども国内で活動をしている．

16.3　環境マーケティング

(1) 環境マーケティングの考え方

　経済学では純粋に財の交換過程を効用最大化原則や需要と供給の関係から分析するのに対して，マーケティングでは顧客の購買に至る心理的な動き，判断などを含めて購買行動の全体を対象としている．そして，環境に配慮した商品（エコプロダクト）の普及についても，単に価格と消費者の選好（preference）を分析するのみではなく，環境ラベルに対する消費者の意識など，エコプロダクトに対する消費者の態度（attitude）の分析が中心になる．したがって，販売促進や流通チャネルの問題についても消費者の意向が重視される．

　マーケティングの基本的な要素として，商品（product），流通チャネル（place），価格（price），販売促進（promotion）というマーケティング・ミッ

表16-3 各マーケティングミックスにおける環境対応事例と支援ツール

マーケティングミックス	事 例	支援ツール
商品政策（product）	エコプロダクト	CLA, DfE
流通政策（place）	容器回収 配送の効率化	（リサイクル関係法令）* 業界での規格統一化 （ビールビンなど）
価格政策（price）	（炭素税）* （ソーラーシステムの購入者への助成制度）*	（環境税）* （助成制度）*
販売促進（promotion）	環境広告	環境ラベル

＊個別企業ではなく，行政の介入による．業界全体として行政に働きかけることはある．

クス（4P）で考える方法もある．ここで，この要素ごとの環境対応の事例を表16-3に示す．さらに，環境主義マーケティング研究会[13]では，マーケティング・ミックスの4Pに，包装（packaging）と物的流通（physical distribution）を加えた6Pの要素で環境を考えることを提案している．

(2) 環境配慮商品の市場

最近では，欧米でのローハス市場の出現，個人の価値観の多様化などにより，環境対応商品の市場においても，複雑さが拡大している．また，環境の要素間でのトレードオフの問題も生じてきた．例えば，自動車からの浮遊粒子状物質（ディーゼル粒子）と窒素酸化物のようにどちらかを削減しようとすると他方が増加するような関係も見られる．このような場合，消費者に正確な情報を提供することも大切であるが，消費者がどのような環境要素を大切に思っているかを理解することも重要である．このためには，十分な市場調査（マーケティングリサーチ）も不可欠である．そして，生産者の価値観を消費者に押し付けるプロダクト・アウト（product out）型の商品は市場から拒絶されることになる．

環境に配慮した商品の市場での動向を予測するには，環境配慮による価格上昇分をどの程度まで消費者が許容するかを見ることにより判断できる．例えば，エコマークの付いた商品と同等な商品との価格差がいくらまでならば，マーク付き商品を選択するかを調査することにより，消費者は環境のためにいくら余計に支払うことを許容しているかを把握できる．このような価格差分は環境に対する支払い意思額（WTP）と見ることもできる．効果が現れるまでの時間が長く，価格の高い家電製品などについては環境WTPは低いが，無農薬

有機野菜や自然食品など人間の健康や生活の質に関係する商品では，WTPが高く，15%までは環境WTPを許容しているとの報告もある[14]．

(3) グリーン購入

欧米では，政府機関などでの物品の調達に際して，環境に配慮した製品を積極的に購入する活動を推進している．わが国でも，平成12（2000）年に「国等による環境物品等の調達の推進等に関する法律」（グリーン購入法）が制定された．

一般的には，グリーン購入と呼んだ場合には，個人の購買活動よりも組織の調達活動に主眼が置かれていると考えられている．そして，わが国の制度では，環境に配慮していると認定された商品の購入を推進するのに対して，欧米では，環境への配慮に欠ける商品を購入しない（refuse）という考え方が強い．また，環境配慮事項に関しても，わが国のグリーン購入では健康・安全よりは省資源，省エネルギー，リサイクルに重点が置かれている．

16.4 ゼロエミッションと拡大生産者責任

(1) 循環型社会構築とゼロエミッション

多くの先進国においては，従来の大量生産，大量消費そして大量廃棄の経済システムから廃棄物を少なくする循環型の経済システムへの移行が不可欠であると考えられるようになった．このため，わが国においても循環型社会の形成を支援するために法体系の整備も進めている．とくに，循環経済ビジョンの具体化を図るために改正された「資源の有効な利用の促進に関する法律（資源有効利用促進法）」ではリサイクルにより廃棄物の減量と資源の有効利用を推進している．

まったく廃棄物を排出しないゼロ・エミッションを実現するためには，ある産業での廃棄物を他の産業における原材料として活用することが重要である．そして，このような産業クラスターの連鎖により廃棄物ゼロを目指す生産システムがゼロ・エミッションの基本コンセプトである．また，廃棄物をなくす（少なくする）ためには，製品を解体して，部品や素材として利用できるよう

にすることも必要である．このような製品の製造とは逆の手順で分解などの作業を行う工場のことを逆工場（インバース・マニュファクチャリング）と呼ぶこともある．

(2) 拡大生産者責任

経済協力開発機構（OECD）は製品の生産段階から「環境」をキーコンセプトとした社会の責任ルールとして拡大生産者責任（extended producer responsibility, EPR）を提唱している．EPRでは，生産者は売れるものを作ればよいというのではなく，生産－流通－消費－廃棄－再生という一連の流れのすべてに対して一定の責任をもつことになる．すなわち，製品のライフサイクルを通じた環境負荷低減に対して，一定の範囲内での責任を生産者に負わせることにより，最終処分にまわる廃棄物の削減を推進しようとするものである．このようなEPR制度の類型は植田ら[15]に整理されており，その一例を表16-4に示す．EPRが提唱された背景としては，リサイクルの可能性や製品中の成分など製品についての情報は生産者が最も多く所有しており，さらにライフサイクル全体での環境負荷を制御する力を有しているのも生産者であるという考え方がある．

16.5　社会との関わり・環境コミュニケーション

欧米においてはかなり以前から企業に対して社会監査を求める動きがあったが，社会監査から環境監査へ，さらに社会会計から環境会計への展開がはかられたと考えられている．ここでは，アカウンタビリティ（accountability）という考え方が重要であり，一般に「説明責任」と訳されることが多い．そして，

表16-4　拡大生産者責任 EPR 制度の類型

EPR 制度	概　要	例
直接規制	法令に基づく責任	ドイツの包装廃棄物政令
自主協定	業界団体と公的機関との協定に基づく取組み	オランダの容器包装自主協定
経済的手法	製品課徴金，デポジット制度，等	イタリアのプラスチック買い物袋への課税 デンマークの飲料容器へのデポジット制度

環境会計とは環境についての利害関係者へのアカウンタビリティを果たすための活動と理解することができる．環境会計では，伝統的会計・企業会計（勘定形式の財務諸表など）を重視する考え方，貨幣単位での環境要素を正確に把握することに対する考え方，などさまざまな方向があるようである．

ヨーロッパでは，環境パフォーマンスの報告様式としてのエコバランスなど企業における環境配慮のためのコミュニケーション手段としての展開もあり，貨幣単位での評価にとらわれない環境会計が発達してきた．わが国で最近に議論されている環境会計はこの流れに沿うものである．

利害関係者へ環境パフォーマンスを定期的に報告することは企業の戦略的優位性を獲得するためにも有効であり，このような環境に関する組織の外部コミュニケーションの手段としての環境報告書が最近注目されている．環境報告書の範囲と内容は簡単なPR表明から高度な分析までさまざまであるが，この報告書に記載されているデータは環境パフォーマンス指標そのものであることが多い．

最近では，企業の社会的責任（corporate social responsibility, CSR）が注目されるようになり，環境のみではなく，環境を含めた企業と社会との関わりの全般について，その現状や会社の方針をまとめたレポートを公表している企業もある．この中には，企業理念や法令の順守（コンプライアンス）なども説明されている．

参 考 文 献

1) F. ケアンクロス，山口光恒：地球環境時代の企業経営（増補改訂版），有斐閣 (1993)
2) 野村総合研究所証券調査本部：環境主義経営と環境ビジネス，野村総合研究所 (1991)
3) 山口光恒：地球環境問題と企業，岩波書店 (2000)
4) 吉澤正編：第1部第1章，ISO14000シリーズ，環境マネジメント便覧，日本規格協会 (1999)
5) 特定非営利法人（NPO）ローハスクラブ：LOHASってなあ〜に，http://www.lohasclub.org/100.html (2005)
6) NTTデータ経営研究所：格付けモデル EcoValue21 の概要 http://www.ecologyexpress.com/guide/kakuzuke/kakuzuke-b.html (2001)
7) 環境省：事業者の環境パフォーマンス指標，資料3– 海外における企業の環境格付けの実態, p.123〜146 (2001)
8) T. コルボーン，D. ダマノスキ，J.P. マイヤーズ著，長尾 力，増千恵子訳：奪われし

未来（増補改訂版），翔泳社（2001）
9) US.EPA：Brownfields Cleanup and Redevelopment,
http://www.epa.gov/swerosps/bf/ (2005)
10) 環境省：環境ビジネス http://www.env.go.jp/policy/env_business/ (2004)
11) 月刊アイソス編集部：9000認証の伸びは踊場に，14000は日本首位に堅調な伸びを持続，月刊アイソス No.84（2004年11月号），p.65～72（2004）
12) 斉藤正一，藤田香：台頭する中小企業向けEMS，日経エコロジー（2004年12月号），p.103～111 （2004）
13) K.ピーティー，三上富三郎監訳：体系グリーン・マーケティング，同友館（1993）
14) R.リーハーク著，楓セビル訳：環境広告60の作法，電通（1996）
15) 植田和弘，喜多川進監修，安田火災海上保険(株)，(株)安田総合研究所，安田リスクエンジニアリング(株)編：循環型社会ハンドブック—日本の現状と課題，有斐閣（2001）

第17章

製品の環境配慮

　前の章では，企業の環境配慮について説明したが，ここでは製品の環境配慮について考えてみよう．製品の環境配慮では，製品製造時のみではなく，使用中や廃棄時のことも重要である．本章では，このような問題を説明する．

17.1 環境配慮設計

　さまざまな工業製品は，製品のライフサイクル全般を通じて，つまり製造する時，使用する時，使用済みとなって廃棄・処分される時のいずれでも環境に対して負荷を与える．このような製品の環境負荷の大部分は，その設計時に決定される．このため，製品を設計する際の環境配慮が最も重要である．
　このことを環境配慮設計，あるいはDfE（design for environment），ECD（environmentally conscious design），エコデザイン（ecodesign）という．また，環境を配慮して設計された製品を環境配慮（型）製品，あるいは環境にやさしい製品（environmentally conscious productまたはenvironmentally friendly product），エコプロダクト（ecoproduct）という．それぞれ呼び方が複数あるが，これらは同義と考えてよい．
　環境配慮設計では，① 有害物質削減，② 省資源および ③ 省エネルギーが重要な要素である．
　① 製品中に含まれる有害物質，および製造中，使用中に排出される有害物質を削減することは，環境影響のエンドポイント（環境に対しての良くな

いこと）を考慮した場合，最も重要な要素である．

② 省資源設計は，第12章で述べた3R（Reduce, Reuse, Recycle）を配慮して設計することであり，具体的には，長寿命化，リサイクルしやすさのいずれかまたは組合せが重要である．省資源の度合いを測る尺度として環境効率（eco efficiency）という考え方があり，ファクター4（環境効率が従来の4倍），ファクター10（同じく10倍）などの目標が設定され，その実現を目指すものである．

③ 省エネルギー設計では，生産，使用，廃棄のすべての段階でのエネルギー消費を考える必要がある．製品使用時にとくに大きなエネルギーを消費する場合には，製品使用時にエネルギー使用量を削減できるような設計が重要である．

17.2 製品の環境影響評価

(1) ライフサイクルアセスメント

近年，製品の環境配慮が重視されている．人間の一生が「揺りかごから墓場まで」といわれるように，原料の調達，製品の製造から使用，そして廃棄までに至る「製品の一生（ライフサイクル）」全体での環境影響を明らかにして，その負荷を小さくすることが求められている．このような製品の全段階での環境影響を評価することを製品のライフサイクルアセスメント（life-cycle assessment, LCA）と呼んでいる．例えば，自動車ではライフサイクル全体での環境影響のうち約8割が使用時に生ずるといわれている．したがって，自動車の製造や廃棄時の環境負荷を減らす努力はもちろん重要ではあるが，使用時つまり走行時の環境負荷を減らすための効率向上や燃費改善といった努力がより重要である．企業はこのLCAを実施することで，熱帯林の破壊や成層圏オゾン層に悪影響を及ぼすような原料の使用を中止したり，使用後の製品がすべて廃棄物にならないように再利用しやすい製品設計を行うなどの努力をすべきである．なお，国際標準化機構においても，ライフサイクルアセスメントについての規格（ISO 14040s）を発行している．

(2) 長寿命化

長寿命化はもちろん理想的ではあるが，多くの消費者に受け容れられるかは議論があろう[1]．とくに耐久消費財に関しては製品の寿命が尽きていなくても買い替えられることがほとんどである．自動車などを例外とすれば，中古市場が確立されていないのも問題である．また，故障を修理しようとしても部品がないため，修理できずに使用者の意に反して廃棄されることも少なくない．家電などのメーカーには部品について法定保管年数があるが，これを超えての保管の義務はないからである．なお，いわゆるリサイクルショップが最近急増しているが，売り物になるような魅力的な中古品の仕入がうまく行かず，現実のビジネスとしては厳しいようである．しかし，環境ビジネスとして修理（リペア）サービスは有望で，大きな市場への成長が期待される．

(3) リサイクル容易性

リサイクルしやすさについては，分解・解体がしやすい設計にすることと，リサイクルや処分しやすい材料を使用することが重要になる．例えば分解・解体がしやすい設計として，ねじ止めの箇所を減らすと製造時にもねじ止めする工程が削減されコストダウンにもつながり一挙両得になる．また，分解・解体した部品を分別しやすいように材質を記号でマーキングすることも重要である．環境に配慮した素材や処分しやすい材料はエコマテリアルといわれる．例えばプラスチックを金属に替えたり生分解性プラスチックを使用したりすることもある．

しかし，リサイクルしやすさのみを追求すると，3R（Reduce, Reuse, Recycle）は「三すくみ」になることもある．わかりやすさのためにビールの容器を例にとると，リデュース（削減）はガラス瓶やアルミ缶の厚さを薄くすること，リユース（再使用）はガラス瓶に切り替えること，リサイクル（再利用）はアルミ缶やペットボトルに切り替えることになる．4Rでリフューズ（拒否）を考えるならば，そもそも容器をやめて「量り売り」をすることになる．また，リサイクルのしやすさのみを優先すると，トータルとしての省資源にはならない場合もあるので，注意を要する．

17.3 サービサイジング

サービサイジングとは,「これまで製品として販売していたものをサービス化して提供する」という意味で使用されている[2]。

アメリカの環境研究を専門とする公共政策に関連の非営利研究機関であるテラス研究所では,サービサイジングを「製造業者と伝統的なサービス企業との区分をあいまいにするような,製品に基づいたサービスの出現」と定義している.

PSS (product service systems) は LCA ソフトウェア「Sima Pro」で有名なオランダの環境コンサルティング企業 Pre consultant が提唱したシステムであり,PSS を「市場化されうる製品とサービスのセットであって,ユーザーのニーズを共に満たしうるもの」と定義している[2]。

サービサイジングと PSS の概念的な区別はなく,同義と考えてよい.アメリカでは,拡大製品責任（製品スチュワードシップ）政策を具体化するビジネスモデルを模索する中で,化学業界を中心に,パフォーマンス基準のビジネスモデルとして「サービサイジング」が生まれてきたのに対して,欧州では,「持続可能な生産と消費」の実現に向けて,環境負荷を低減させながら経済を成長させるという観点から PSS の考え方が示されている.

サービサイジング,PSS は先進的な取り組みが欧米で多く見られるが,国内でも該当する事例が現れ始めている.このような事例を表 17-1 に示す.また,上記の事例とはやや異なるが,技術力の乏しい国がプラント（環境負荷の大きい工場など）を輸入する際に,ビルド・オウン・オペレーションを要求することもあるが,これも広い意味での PSS と考えられる.

17.4 製品中の有害物質削減

(1) アメリカの対応

地球温暖化防止への対応とは異なり,国民の健康安全に関する環境問題への対応は非常に機敏である.環境ホルモンが問題化した後の対応は,多くの研究

17.4 製品中の有害物質削減

表17-1 サービサイジング・PSS の事例（国内）

提供会社	提供内容	解　説
日本初のカーシェアリング事業運営を支援する会社「シーイーブイシェアリング」	カーシェアリング事業運営を支援	シーイーブイシェアリングは，日本初のカーシェアリング事業運営を支援する会社である．自動車メーカーやリース業，IT関連企業などの共同出資によって2002年に設立された． 　カーシェアリングは会員制．また，シーイーブイシェアリングは，カーシェアリングの共同利用に関わる研究開発，実験請負，保険代理業や広告事業などの事業も行っている．
松下電器産業	工場やオフィスビル等，事業者を対象として，蛍光ランプを販売せずに，蛍光ランプから発する"あかり"という機能を提供する「あかり安心サービス」を2002年4月に開始	蛍光ランプは同社が所有し，期間中に寿命に達した蛍光ランプは交換分を届ける．回収した蛍光ランプは，センターが排出者として，委託契約をしている中間処理会社で適正処理が行われる． 　顧客は，蛍光ランプの廃棄時の中間処理会社との契約や産廃マニフェスト管理業務が不要になり，産廃の不法投棄といった廃棄物管理を巡る環境リスクを削減することができる．
NECならびにNECパーソナルプロダクツ	2003年1月に販売店からのパソコン再生受託業務を開始し，再生した同社製パソコンに「Refreshed PC」専用シールを貼付し，店頭販売を開始	ユーザから NEC 製使用済みパソコンを買い取り，買い取ったパソコンを再生し，メーカ保証をつけた上で，「NEC Refreshed PC」として店頭で販売する．「NEC Refreshed PC」の主な特長は以下の通り． ①NECの診断・検査技術を活用した高信頼性再生パソコン，②6ヵ月間のメーカ保証，③販売時の OS や使用許諾済みソフトウェアをインストール，④ Microsoft（R）Office XPの新規インストールモデルを販売，⑤電子マニュアルを標準添付．
カタログハウス	2000年2月に「温故知品」という中古品の買取・販売サービスを開始	カタログハウスが発行している「通販生活」や「ピカイチ事典」から消費者が購入したモノで，不要となったモノを買い取り，品質保証をつけたうえで再販売するサービスである． 　買い取り対象は「通販生活」や「ピカイチ事典」を通じて購入した商品で不要になったもの．ただし，ひどい汚れや傷，カビ，においがついているもの，故障している箇所のあるものは買取できない場合もある．

者が紹介しているとおりである．例えば，食品品質保護法，安全な飲料水法に関連して，飲料水の汚染に対しても内分泌かく乱の影響を調べる必要があるとしている[3]．

　また，個々の環境規制は州ごとに対応しているが，この中で，環境先進地で，人口最大のカリフォルニア州の動向が注目される．カリフォルニア州では，住民の強い要請で，1986年に州法65号「飲料水中への有害物質の放出禁止と有害物質の人体への暴露の警告に関する要求」（Proposition 65）が成立した．そ

して，州当局は法令違反企業に対して厳しい対応をとっている．例えば，この法令に違反したとして，陶磁器製食器の釉薬中の鉛の問題で日本を含む多くのメーカーが提訴されている[4]．また，EUのRoHS規制に適合しない商品の販売も2007年以降禁止されることになっている．

(2) EUのエコデザイン関係環境規制の動き

ヨーロッパとくにEUのエコデザイン関連の環境規制等の動きには注目する必要がある．表17-2に示すように，廃自動車（ELV）指令，廃電気電子機器（WEEE）指令，特定有害物質使用制限（RoHS）指令が矢継ぎ早に出され，さらに，化学品登録等（REACH）に関する規則案，エコデザイン要求設定枠組み（EUP）指令案が検討されており，とくに電気製品や自動車などの輸出産業への影響が大きく，目が離せない．

とくに，製品に含有される化学物質管理に対する要請が増大しつつある．これに対して，法規制の遵守（RoHS指令等への対応）と製品設計への反映である環境配慮設計（DfE）はもちろんのこと，顧客等（ユーザー，リサイクラー）からの要求への対応もメーカーとしての情報提供責任という観点から対応が迫られている．ここで，RoHS指令で禁止されている6物質とは，水銀，鉛，6

表17-2 EUのエコデザイン関係環境規制の動き

規制略称	規制正式名称	規制内容
ELV指令	廃自動車（ELV：End-of Life Vehicles）指令	鉛，水銀，カドミウム，6価クロムの原則使用禁止．2000年10月公布．
WEEE指令	廃電気電子機器（WEEE：Waste Electrical and Electronic Equipment）指令	電気電子機器の分別回収・リサイクル処理を規定．2003年2月公布．
RoHS指令	特定有害物質使用制限（RoHS：The Restriction of the use of certain Hazardous Substances in electrical and electronic equipment）指令	電気電子機器中の有害6物質の使用禁止．2003年2月公布．
REACH規則案	化学品登録等（REACH：Registration, Evaluation Authorization and Restrictions of Chemicals）に関する規則案	川下ユーザーに化学安全評価の実施負担が求められる可能性．
EUP指令案	エコデザイン要求設定枠組み（EUP：Eco-design requirements for Energy Using Products）指令案	エネルギー使用製品に対するエコデザイン要求事項のための枠組み設定．

（出所：三木健「日本の国際貢献と国際競争力の源泉『エコデザイン』」エコデザイン2004ジャパンシンポジウム論文集，pp.20～23，2004[6]年より作成）

価クロム，カドミウム，ポリ臭化ビフェニール (PBB)，ポリ臭化ジフェニルエーテル (PBDE) であるが，一部の定められた製品について一定値以下の使用は免除されている．

(3) わが国の対応

わが国の環境配慮商品戦略の方向性を考える上で，とくに影響があると考えられているのは RoHS 関連と WEEE 関連であろう．海外，とくにアメリカとヨーロッパへ工業製品を輸出しているメーカーにとっては，これらの規制に乗り遅れることは死活問題である．例えば，国内向けとしては規制法規にまったく抵触しないゲーム機をオランダへ輸出した国内メーカーは，基準を超えるカドミウムが検出されたことから，ヨーロッパ向け製品 130 万台が出荷停止となり，部品交換を余儀なくされた．このような場合，サプライチェーン全般にわたって，有害物質の混入管理を行うことが RoHS 対応には不可欠である．多岐にわたる化学物質について，個々のセットメーカーやサプライヤーが個別に有害物質管理を行うのは手間が大変なので，サプライチェーン全体として調達管理方法や分析方法の共通化を進めることが重要である．このように，RoHS 規制の影響がヨーロッパ以外の他国にも波及する中で，日本では，このような問題はまったくの輸出対応として考えられており，国内の消費者保護という視点は欠落している．

17.5 環境ラベル

消費者の環境に対する意識の向上に伴い，環境に配慮した製品であることを強調することがマーケティング戦略として有効になってきた．この傾向は，『グリーン・コンシューマー・ガイド』などの情報誌により加速される一方，「うわべだけの環境配慮」(green-washing) の発生も助長している．このため，一定の規準を満たす製品に対する公的機関による認定あるいは認可として環境ラベルを付与することが行われている．例えば旧西独の「ブルーエンジェル・マーク」，EC の「ヨーロピアン・フラワー」，米国の「グリーン・シール」等がある．わが国では「エコマーク」がこれに当たり，1989 年の制度発足以降

多くの商品が認定され，2005年3月末現在5007商品が認定されている．また，最近では，各企業や業界団体が独自に環境配慮製品の認定を行っている．しかし，これらのマークの中には，消費者ニーズよりも，メーカーの意向に沿った環境側面のみを評価している例も見られる．なお，国際標準化機構においても，環境ラベルについての規格を発行している．すなわち，ISO 14020番台の規格である．これらの環境ラベルの特徴をまとめて表17-3に示す．

17.6 リサイクル関連法制への対応

(1) 家電リサイクル法

2001（平成13）年に「家電リサイクル法」が施行され，廃家電4品目の引取台数は2001（平成13）年以降，順調に増加している．家電リサイクル法の施行状況として，再商品化実績（表17-4）を見るといずれも法定再商品化率を上回っている．2004（平成16）年から，電気冷凍庫を対象に追加しており，断熱材やフロンの回収等を義務づけている．

「家電リサイクル法」の施行は，環境配慮設計の推進に波及効果があった．つまり，リサイクル処理の容易な設計，再商品化への取り組み（リサイクル技術や再生プラスチックの採用），有害化学物質等への対応（ノンフロン冷蔵庫，無鉛はんだの導入等）である．また，中古家電製品のリユースの拡大，家電製品使用年数の長期化，ビジネスモデルの変化（家電製品のレンタルビジネスの開始等），関連事業での新規雇用創出などの波及効果があるといわれている．

表17-3 環境ラベル

タイプ	内容	目的	例
タイプⅠ (ISO 14024)	基準合格の証明	第三者認証機関による規準合否の判定により，どの製品が良いか？を提供	エコマーク（日本）ブルーエンジェル（ドイツ）
タイプⅡ (ISO 14021)	企業の環境自己主張	製品のどこが良いか？を提供	各企業独自のマーク
タイプⅢ (ISO 14025)	製品環境情報の定量的開示	製品の環境負荷はどの程度か？を提供	エコリーフ（日本）EPDプログラム（スウェーデン）

出所：産業環境管理協会「エコリーフ・パンフレット」[7]より作成

表17-4 家電リサイクル法による再商品化実績

品　目	再商品化実績（平成15年度）	法定再商品化率
エアコン	81 %	60 %以上
テレビ	78 %	55 %以上
冷蔵庫	63 %	50 %以上
洗濯機	65 %	50 %以上

（出所：三木健「日本の国際貢献と国際競争力の源泉『エコデザイン』」
エコデザイン2004 ジャパンシンポジウム論文集，p.20〜23, 2004年[6]より）

(2) 自動車リサイクル法

　廃車処分にされた自動車は，エンジン，タイヤ，バッテリーなど，再使用できるものは解体業者により取り外され，中古部品として商品となる．再使用できない部品については，銅，鉄などの金属類は溶かして再資源化される．商品価値のある部品が取り外された自動車はシュレッダー業者に送られ，細かく裁断され，さらにその中から再利用できる金属類が取り出される．ここまでで，廃棄された自動車の約75〜80 %がリサイクルされる．残りの20〜25 %はシュレッダーダストとして埋め立てられることとなり，その削減が課題となっている．

　2005（平成17）年に「使用済自動車の再資源化等に関する法律」（自動車リサイクル法）が本格施行され，現状ではリサイクルが困難な部分について，自動車メーカーがリサイクルの責任を果たすこととなる．具体的には，エアコンの冷媒として使用されている「フロン類」，爆発性があって処理の難しい「エアバッグ類」，使用済自動車から有用資源を回収した後に残る大量の「シュレッダーダスト」の3つについて自動車メーカーがリサイクルすることになる[5]．

参 考 文 献

1) 長沢伸也・蔡璧如：『環境対応商品の市場性―「商品企画七つ道具」の活用―』晃洋書房（2003）
2) 経済産業省産業技術環境局環境調和産業推進室「サービサイジングとPSS」，経済産業省エコプロダクツと経営戦略研究会資料（2005）
3) 高杉暹，井口泰泉：環境ホルモン，丸善ライブラリー（1998）
4) 市川芳明：新たな規制をビジネスチャンスに変える環境経営戦略，中央法規出版（2004）
5) (財)自動車リサイクル促進センター：自動車リサイクル法とは，http://www.jarc.or.jp/recycle/01_about.html（2005）

6) 三木健「日本の国際貢献と国際競争力の源泉『エコデザイン』」エコデザイン 2004 ジャパンシンポジウム論文集，p. 20〜23（2004）
7) 産業環境管理協会:「エコリーフ・パンフレット」(2005)

第**18**章

地球環境問題（1）

　環境問題は単独では存在せず，資源，エネルギー，人口，食糧，教育，貧困，貿易，自然災害，戦争，安全保障などさまざまな問題が複雑に絡みあっている．このことは，法，政治，経済，外交，文化，福祉，心理学，社会学など，それらの頭に環境を付けた用語（環境法，環境政治など）が通じることからも理解できる．例えば，越境大気汚染や農薬で汚染された農作物の輸入，1997年に起きたロシア船籍ナホトカ号の日本海における重油流出事故などは，国際問題であり，環境の安全保障に関わる問題である．環境心理学の成果によると，環境に対する前向きの行動は，意識の向上や不安感だけでは持続せず，他者への範となる行為と自らの決意の言明，マスメディアなどの効果的な情報，金銭的優遇措置によって実践される[1]．また，注意欠陥多動性障害や学級崩壊，いわゆるキレる現象などの社会問題に，環境ホルモンが関わっている可能性を指摘する声がある[2]．近年，単純化，モデル化を志向する科学では扱えない複雑系の探求が始まった．複雑系とは，予測困難な外部の影響に依存するという解放性，単純な足し合わせで説明できない非線形性，周囲の変化に応じて時間とともに変化する組織性をもつといわれている[3]．環境問題はまさに複雑系である．

18.1　環境問題の悪循環

　環境問題の根源として，まず槍玉に挙がるのは貧困である．図18-1は貧困

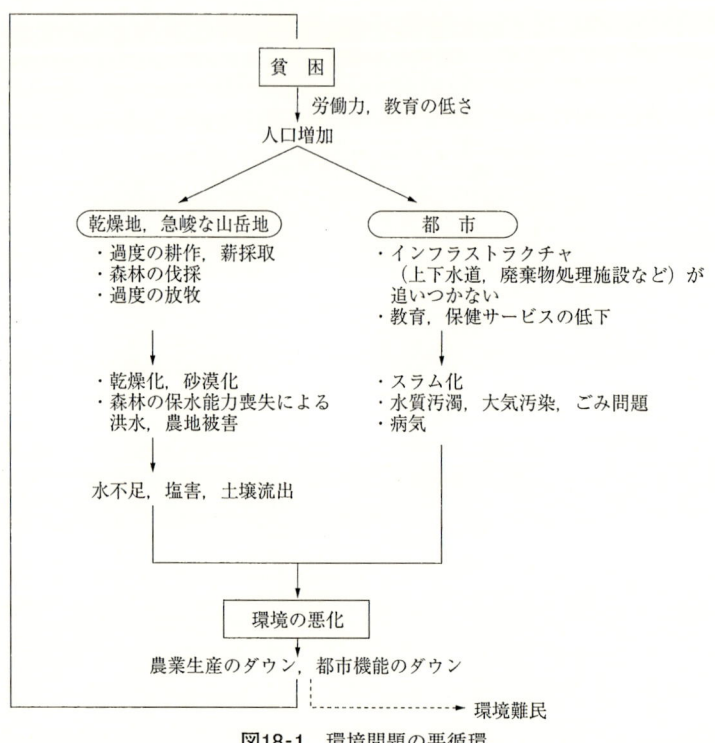

```
          ┌─────────────────────────────────┐
          │              貧 困               │
          │         ↓ 労働力, 教育の低さ      │
          │         人口増加                 │
          │        ↙        ↘               │
   ( 乾燥地, 急峻な山岳地 )  ( 都  市 )
   ・過度の耕作, 薪採取      ・インフラストラクチャ
   ・森林の伐採               (上下水道, 廃棄物処理施設など) が
   ・過度の放牧                 追いつかない
                             ・教育, 保健サービスの低下
          ↓                         ↓
   ・乾燥化, 砂漠化          ・スラム化
   ・森林の保水能力喪失による ・水質汚濁, 大気汚染, ごみ問題
     洪水, 農地被害           ・病気
     水不足, 塩害, 土壌流出
                ↘      ↙
              環境の悪化
         農業生産のダウン, 都市機能のダウン
                            ⋯⋯⋯⋯→ 環境難民
```

図18-1　環境問題の悪循環

〜環境悪化〜貧困の悪循環を示している．貧しいことにより，労働力を期待して子供を産む．社会的な性差（ジェンダー），とくに女性の教育の低さが，子供を産まない権利，知識，方法の欠如につながっている．その結果，人口が増加する．表18-1でバングラデシュ，パキスタン，ナイジェリア，エジプトといった国民総所得の低い国,出生率の高い国で,女性の識字率の低さが目立つ．インドは出生率から死亡率を差し引いた人口自然増加率が 1.7％あり，毎年2000万人近い人口が増加している．人口が増えると，農村ではこれまで人が入り込まなかった乾燥地や急峻な山岳地で，耕作や薪の採取が行われる．森林の伐採や草地における過度の放牧も進む．こうして，森林がもつ保水能力が喪失して洪水が起こり,農地に被害がでる．また,栄養分のある表層土壌が流出する．中国長江流域では，木材伐採と農業のために森林被覆の 85％が消失し，1998年には2億人を超える被災者を出した[4]．森林消失による洪水被害は，インド，

18.1 環境問題の悪循環

表18-1 出生率と識字率

国 名	人口 (万人)*04	国民総所得 (億ドル)*02	出生率 (%)*95-00	識字率 (%) 男性	識字率 (%) 女性
インド	108,664	4,948	2.54	69.0*01	46.4*01
中国	133,011*03	12,342	1.62	95.1*00	86.5*00
パキスタン	15,920	609	3.23*97	53.4*98	28.5*98
バングラデシュ	14,134	511	3.14	50.3*02	31.1*02
ナイジェリア	13,725	395	4.17	74.4*02	59.4*02
エジプト	7,339	976	2.70*99	67.2*96	43.6*96
インドネシア	21,875	1,499	2.25	92.5*02	83.4*02
ブラジル	17,909	4,945	2.03	86.2*00	86.5*00
メキシコ	10,620	5,970	2.46	92.6*00	88.7*00
日本	12,764	43,239	0.92*01	99.9*90	99.7*90

日本を除いて,非識字者人口の多い順.出所:二宮書店「Data Book of The World」(2005).
*データ年次(00は2000年).

バングラデシュ,メキシコでも起こっている.一方,森林からの水分蒸発が減り,雨の量が少なくなることによって,砂漠化,乾燥化に拍車がかかる.洪水や豪雨では賄えない,使える水が不足し,地中の塩分だけが乾燥して地表面に残る塩害が発生する.環境の悪化や自然災害により農業生産が減少すると,食糧問題を引き起こすとともに,ますます貧困の度合いが増す.

都市部への人口集中は基盤施設(インフラストラクチャ)の不足を招く.住居,学校,病院,交通機関,上下水道,廃棄物処理施設などが不十分であれば,大気汚染,水質汚濁,ごみ問題,伝染病をもたらし,都市はスラム化する.スラム化した都市は健全な機能が働かず,失業,災害,犯罪が増加し,そこで暮らす人々は貧困から抜け出すことができない.2000年のフィリピン・パヤタスごみ集積場崩壊災害は,貧困ゆえの不衛生,危険地域での居住・労働,事故遭遇,生計断絶という貧困の悪循環の典型例といえる.

1985年〜99年におけるアジアの自然災害の被災者数は世界の90%,死者数は77%,被害額は45%であった[5].この数値は,貧困国における無秩序な森林開発による水災害の増加,都市部の災害脆弱性地域への人口集中,経済的補償の低さの現れと読める.

人口増加や環境破壊,経済破綻は,内戦や環境難民の発生,戦争の可能性も秘めている.アフリカ・ルワンダでは,1950年以降,人口増加が原因で森林破壊,都市のスラム膨張が進み,部族間の土地の奪い合い,内戦,大量難民の発生につながった[6].

18.2 環境の南北問題

イギリスではロンドンスモッグのエピソードは1962年が最後であり，日本では1970年代初めに公害裁判で原告勝訴が相次いだ．先進国の環境問題はこの頃，国内において一つの山を越し，国際問題へと展開し始めた．一方，途上国では，経済成長に伴う国内環境問題に対策を講じる間もなく，国際環境問題，地球環境問題に直面している．1972年にスウェーデン・ストックホルムで国連人間環境会議が開催され，かけがえのない地球を協力して守ろうという意味で，宇宙船地球号（only one earth）という言葉が使われた．1992年，国連環境開発会議（地球サミット）がブラジル・リオデジャネイロで開催され，グローバル・パートナーシップの確立が叫ばれた．10年後の2002年には，南アフリカ・ヨハネスブルグで持続可能な開発に関する世界首脳会議が開催された．この間，宇宙船地球号やパートナーシップという感触のよい言葉とは裏腹に，先進国と途上国は環境問題について連綿と対立している．この対立は環境の南北問題といわれる．

表18-2に先進国と途上国の対立を示す．前節で述べた貧困とならんで環境問題の根源とされるのが先進国の浪費である．アメリカの一人当たりのエネルギー消費量はインドの25倍である．また，インドの人口の約20％が慢性的な栄養不足であるのに対し，アメリカの成人の20％以上が肥満である．浪費と

表18-2 先進国と途上国の対立

項　目	先進国の主張 （途上国への要求）	途上国の主張 （先進国への要求）
基　本	貧困，人口問題を解決すること．	ライフスタイル（エネルギー，資源，食糧の浪費）を改善すること．
越境大気汚染	国際的に環境影響が懸念されるため，環境問題への取り組みを強化すべき．	国内の環境対策のために資金を援助すること（越境問題を認めたくない）．
オゾン層	先進国は資金援助だけを申し入れ，途上国は資金援助に加えて，代替品等の関連技術の移転も要求して対立した．紆余曲折の末，先進国が技術移転の実行可能な措置をとることを確約して解決した．	
地球温暖化	温室効果ガスの削減は途上国も参加しないと実効性が乏しい．	温暖化は先進国の大量生産，大量消費が原因である．先進国が率先垂範すべき．
生物多様性	生物資源の自由な利用を認めること．	利益を公正に分配し，遺伝子などの技術を提供すること．

貧困，飢餓と飽食は，ともに健全な状態ではない．越境大気汚染を巡る問題の一つは，中国と日本，アメリカとの関係である．中国から排出される硫黄酸化物，窒素酸化物，水銀などの重金属が日本海を渡り，あるいは太平洋を越えて日本，アメリカに影響を与えていることが懸念されている．中国はこのような越境大気汚染という考え方には曖昧な態度をとり，汚染物質の排出と環境影響はあくまでも国内問題と位置づける姿勢が強い．

　オゾン層対策は先進国と途上国の対立が解消した成功例である．1990年，モントリオール議定書締約国会議で，インドを中心とする途上国は一過性のお金だけでなく，知識として残る技術移転を強く要求した[7]．これは先進国にとっては，新製品開発の意欲と利益を削ぐ，受け入れがたい難問であった．しかし，オゾン層保護を優先した交渉により解決に至った．地球温暖化対策については，2001年アメリカが温室効果ガスの排出量削減を約束した京都議定書から離脱した．その原因の一つが途上国に削減義務がないことである．途上国を中心に，世界一の大国が国際的な約束を反故にしたことに対して反発が強い．

　健全な植物，動物社会が成立つ鍵は生物多様性の維持であり[8]，300万～1億種といわれる生物が生存できる多様な生態系を保持できてこそ環境が健全であるといえる．多様性を維持し，種の絶滅を防ぐことの重要性は命の大切さにある．回復不可能なこと，取り返しのつかないこと，他の誰かが大切にしているものを傷つけることをしてはいけない．命の大切さについては誰にも異論はないが，生物を医薬品資源や食糧増産の遺伝子資源とみることで対立が起こる．新薬の開発には熱帯雨林の薬用植物や先住民の知識と先進国の製薬技術が必要である．先進国と途上国で，公平な利益の分配が問題になっている．

18.3　環境外交

　地球環境問題を解決するには国際的な協調，取り組みが不可欠である．そのためには，国際的な政治活動，つまり環境外交が重要な役割を果たす．表18-3は環境外交の賜である条約，議定書を示す．条約，議定書採択はあくまでも署名国の決意表明である．国際法による拘束力をもつ約束は条約，議定書の批准により発効する．なお，条約締約国会議をCOP（conference of the parties）

表18-3 環境に係る議定書

条　約	議定書	採択年 (発効年)	内　容 (該当国・地域)
長距離越境大気汚染条約（1979年にジュネーブで調印，1983年に発効）	ヘルシンキ議定書	1985 (1987)	硫黄の排出量を少なくとも30％削減（欧州，カナダ）
	ソフィア議定書	1988 (1991)	NOx排出量の凍結（欧州，カナダ）
	ジュネーブ議定書	1991 (1997)	VOCsの排出量の削減，安定化（欧州）
	オスロ議定書	1994 (1998)	硫黄排出量の一層の削減（欧州，カナダ）
	アールフス議定書	1998 (2003)	重金属（カドミウム，鉛，水銀）の排出量の削減（欧州）
	アールフス議定書	1998 (2003)	POPsの排出，使用の禁止，制限（欧州）
	イェーテボリ議定書	1999 (2005)	酸性化，富栄養化，地上オゾンの緩和のために硫黄，NOx，VOCs，アンモニアの排出量に上限（欧州）
○オゾン層保護のための条約（1985年にウィーンで調印，1988年に発効）	○モントリオール議定書	1987 (1989)	CFCs, HCFCsなどオゾン層破壊物質の生産と消費の段階的廃止（先進国，途上国）
○気候変動枠組条約（1992年の地球サミットで署名開放，1994年発効）	○京都議定書	1997 (2005)	温室効果ガスの削減（先進国）
○生物多様性条約（1992年の地球サミットで署名開放，1993年に発効）	○カルタヘナ議定書	2000 (2003)	遺伝子組み換え生物の越境移動などバイオセーフティに関する管理
○残留性有機汚染物質に関するストックホルム条約（POPs条約）（2001年採択，2004年発効）	－	－	POPsの製造および使用の禁止，排出の削減

1) ○：日本が批准している．
2) 議定書：採択会議開催地の名前で呼ばれる．アールフスはデンマーク，イェーテボリはスウェーデン，カルタヘナはコロンビア．
3) 発効：2005年5月現在
4) 内容：VOCsは揮発性有機化合物（Volatile Organic Compounds，炭化水素類），POPsは残留性有機汚染物質（Persistent Organic Pollutants，PCB，ダイオキシン，多環芳香族系炭化水素類PAHs：PolycyclicAromatic Hydrocarbons，害虫駆除剤として使われるアルドリンやDDTなど），CFCsはフロン（chlorofluorocarbon），HCFCsは代替フロン（hydrochlorofluorocarbon）．

と呼ぶ．COPは気候変動枠組条約が有名であるが，生物多様性条約など他の条約の締約国会議でも同様に用いる．議定書の締約国会議はMOP（meeting of the parties）と呼ばれる．

18.3 環境外交

北欧では20世紀半ばになると，湖沼の酸性化が進み，魚の消失が目立ち始めた．まさに，イギリスなどの工業国で高煙突化が進んだ時期で，この頃から大気汚染物質の長距離輸送の重要性が認識されるようになった．1968年にスウェーデンの土壌学者Odénは，北欧の降水の酸性化はイギリスならびに中欧から排出される硫黄が主な原因であると指摘した．これが一つの契機となり，国連人間環境会議（1972年）で越境大気汚染が主要なテーマとなり，国際的な大気汚染物質のモニタリングと長距離輸送解析につながった．このような努力が少しずつ実を結び，長距離越境大気汚染条約が国連欧州経済委員会のもとで1979年に調印，83年に発効した．当初，この条約に抵抗していた西ドイツは森林被害の広域化により，イギリスは越境大気汚染の因果関係が科学的に証明されたことなどを理由に消極策を放棄した．長距離越境大気汚染条約のもとで硫黄酸化物の排出量を削除するヘルシンキ議定書，オスロ議定書，窒素酸化物の排出量を抑制するソフィア議定書が成立し，1990年を過ぎた頃から環境対策の効果が着実に現れた．最近では，北欧の河川に魚が戻ってきたことも報告されている．

長距離越境大気汚染条約は欧州，北米が対象であるが，残留性有機汚染物質（POPs）に関しては2001年にストックホルム条約が日本，アメリカを含む世界中90カ国以上の署名により採択された．これは，POPsは食物連鎖により生物濃縮されやすく，長距離輸送により北極にも到達して地球規模で汚染をもたらすことが，国際的に認識されたためである．

気候変動枠組条約は1992年の地球サミットにおいて署名が開始され，1994年に発効した．本条約は，「気候系に対して危険な人為的影響を及ぼすこととならない水準において，大気中の温室効果ガス濃度を安定化することをその究極的な目的」としている．気候変動枠組条約の締約国会議は1995年から毎年開催されている．第3回締約国会議COP3は1997年に京都で開催され，温室効果ガス削減の数値目標を定めた京都議定書が採択された．京都議定書は55カ国以上の国の批准と批准した国のCO_2排出量が先進国全体の55％を超えるという要件を満たして発効する．アメリカの議定書からの離脱，ロシアの議定書批准に対する優柔不断な態度により，発効と第1回締約国会議MOP1の開催は2005年にずれ込んだ．京都議定書採択の段階では，森林吸収量や国内で温室効果ガスを削減できない場合の柔軟性措置（京都メカニズム）による

削減量の上限，柔軟性措置である先進国間の共同実施（joint implementation, JI）や途上国でのクリーン開発メカニズム（clean development mechanism, CDM）事業の内容，不遵守の場合の罰則などについて，具体的なことは決まっていなかった．これらは COP4 以降の検討課題であった．また，京都議定書は，アメリカや途上国が不参加，日本がエネルギー・環境対策を十分にとっていた 1990 年が基準となっていて不公平という問題を含む．2013 年以降の第二約束期間に向けて，日本政府は公平な枠組み作りに向けて環境外交を展開する必要がある．

条約や議定書の多くは，環境外交の攻防[7]と呼ばれるように難産の末，誕生する．環境問題における代表的な成功例であるオゾン層保護の取り組みについても，条約推進派のアメリカと消極派の欧州，日本の対立，先進国と途上国の対立があった．最終的に，不確かさはあるもののリスクを裏付ける科学的根拠，代替品の技術開発，世論の圧力を背景にした環境外交が勝利したといえる．途上国に対しては，締約国は代替品や新技術の提供，財政支援で得をするという説得が功を奏した．地球温暖化防止の環境外交が弱いのは，温室効果ガスの発生を抑える決定的な技術開発の目途がたたないことである．日本を含む約 190 カ国が批准（あるいは受諾，承認）している生物多様性条約については，アメリカは遺伝子技術の流出と規制を嫌い未だ批准していない．

18.4 環境の「つけ」論

環境庁（現在の環境省）[9]は地球温暖化に関して，「子や孫の代の危険と引き換えに，私たちの快適で豊かな暮らしがあるのです．」と警告を与えた．内藤[10]は地球環境問題を「将来世代，経済弱者（途上国など），生態系弱者（他生物）」に対する人間活動のツケ回しと捉えている．これらは，弱い者の権利を尊重すること，すなわち倫理の大切さを訴えている．

図 18-2 に地球温暖化による世代間，地域間の不公平（ツケ）の構図を示す．気候変動の影響を最も深刻に受けるのは，対策をとる経済的余裕のない貧しい国々であり，自然災害に弱い場所に住まざるを得ない貧しい人々である．バングラデシュの人口は日本とほぼ同じだが，CO_2 の排出量は約 1/50 である．

18.4 環境の「つけ」論

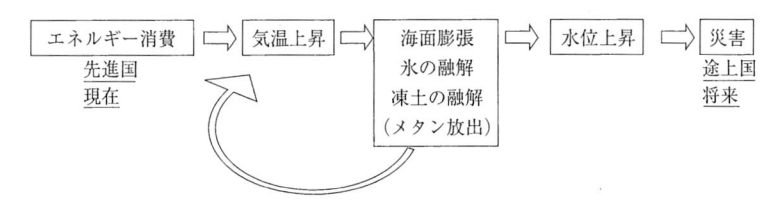

```
┌──────────┐   ┌──────┐   ┌──────────┐   ┌──────┐   ┌──────┐
│エネルギー消費│ ⇒ │気温上昇│ ⇒ │海面膨張   │ ⇒ │水位上昇│ ⇒ │災害  │
│ 先進国    │   │      │   │氷の融解   │   │      │   │途上国 │
│ 現在     │   │      │   │凍土の融解  │   │      │   │将来  │
└──────────┘   └──────┘   │(メタン放出)│   └──────┘   └──────┘
                          └──────────┘
                              ↑_____|
```

図18-2 地球温暖化による世代間・地域間の不公平

　この国は大きな洪水が起こると，今でも国土の2/3が冠水する場合がある．将来，温暖化により海水面が上昇し，豪雨の頻度が増すと，ますます経済的，人的な被害を受ける可能性が高くなる．このように，CO_2の排出割合が非常に小さい国が被害を受けやすいという皮肉なことが起こる．

　生態系弱者へのツケは，森林の減少と絶滅の危機種の数で理解できる．1990年～95年の年平均で，世界の森林は日本の面積の約30％に相当する1,130万ha，熱帯の天然林は1,290万haが消失した．また，熱帯林の消失により，多くの野生生物種が絶滅の危機に瀕している．動物種では調査した約27,000種のうち10％が絶滅の危険性が増大あるいは危機に瀕しており，植物種では約24万種のうち14％が絶滅の危機にさらされている[11]．

　ツケ回しはフロンの問題についても，先進国で使うスプレーがオゾン層を破壊し，地球の裏側でも，また数世代先の将来まで，皮膚がんによる死亡と種の死滅の原因となると指摘された[7]．また，貧しい国では，労働や教育，健康の面で，そしてしばしば暴力や性による虐待という形で，女性や子供にツケが回っている．

参 考 文 献

1) L.ブラウン編著（エコ・フォーラム21世紀監修）：地球白書2001-02, p.329～332, 家の光協会（2001）
2) T.コルボーン，M.J.スモーレン，R.ローランド（坂部貢抄訳）：環境化学物質の神経毒性作用—機能奇形に対する新たなプロトコルの探求，中央公論，第114巻8号, p.130～140（1999）
3) 中村量空：複雑系の意匠，中央公論社（1998）
4) L.ブラウン編著（浜中裕徳監訳）：地球白書2000-01, p.39, ダイヤモンド社（2001）
5) 井上智夫：世界の水災害，土木学会誌，87.3, p.18～20（2002）

6) 石弘之：地球環境報告Ⅱ，p.180～187，岩波書店（1998）
7) R.E.ベネディック（小田切力訳）：環境外交の攻防—オゾン層保護条約の誕生と展開—，工業調査会（1999）
8) R.カーソン（青樹築一訳）：沈黙の春，新潮社（1974）
9) 環境庁：地球温暖化防止のために—これから生まれてくる子供たちからのお父さん，お母さんへの10の質問（1997）
10) 内藤正明：「持続可能な社会とは」—その具体像と実現シナリオについて—，京土会会報，38，p.13～25，京都大学土木会（2000）
11) 環境省編：平成13年版環境白書，ぎょうせい p.360～361（2001）

第19章

地球環境問題 (2)

　欧州における酸性雨による森林衰退の原因解明やオゾン層破壊に関連した問題を契機として，環境問題は地域の問題から地球的規模の問題として認識されるようになった．問題意識は1972年の「国連人間環境宣言」を出発点とし，1992年の地球サミットにおける「アジェンダ21」に集約されている．地球は有限な存在で，自浄作用にも限界があり，それを超える負荷を環境に与えないためには各国の協力を必要としている．「かけがえの無い地球」Only one earth とか「宇宙船地球号」といわれ，「持続可能な発展」が標榜される由縁である．

　日本の環境省は地球環境問題を，「原因と影響が一つの国や地域にとどまらず，国境を越え，あるいは地球全体にまで広がっている環境問題」と定義し，1. 地球温暖化，2. オゾン層破壊，3. 酸性雨，4. 熱帯林の減少，5. 砂漠化，6. 海洋汚染，7. 野生生物種の減少，8. 有害廃棄物の越境移動，9. 発展途上国における公害の9項目を重点課題としている．これらの問題は相互に関連があり，究極的には人類の存在を含めた全生態系の存在を問題にしているといえる．

19.1　酸　性　雨

(1) 環境影響

　大気中に硫黄酸化物や窒素酸化物が存在すると，雲や雨の水はそれらを取り

込み，酸性が強くなる．このような酸性物質による大気汚染が環境問題として大きく取り上げられた契機は，銅鉱石の精錬や石炭の燃焼により硫黄酸化物が大気中に大量に放出され，強い酸性の煙霧あるいは雨となって，人々の健康や植生，建築構造物に被害が出たことにある．代表的な例は1952年のロンドンスモッグ，三重県四日市の酸性ミスト，足尾鉱山の周辺の禿山化などである．

溶液の酸性，もしくはアルカリ性の強さを表すには水素イオン濃度の指標であるpHを用いる．人為的な汚染の影響の少ないところでも，雨水には大気中の二酸化炭素がイオンとして溶解し，pHが5.6程度の弱い酸性を示す．さらに，火山活動などの自然に由来する酸性物質の影響を受けると，これより酸性が強くなることがある．人為起源からの酸性物質による汚染の影響を受けた雨は，さらに強い酸性を示すことがある．

日本における降水のpHの年平均値は，1998年から2000年の間，4.72～4.90であった[1]．降水成分の観測結果からは，酸性化に寄与する物質は硫酸と硝酸で，硫酸が硝酸より2～3倍高い．ヨーロッパの雨のpHの年平均値は2002年の報告では4.44～6.61である．中国では，南部の都市ではpHは4～5であるが，北部の都市におけるpHは6～7である．中国南部では酸性雨が降り被害が顕在化しているが，北部では酸性雨はほとんど発生していない．これは，中国北部の雨はアンモニウムイオンやカルシウム，マグネシウムイオンなどで中和されているため，pHだけから雨の汚染度を判断することはできない．

環境の酸性化は雨水の他，酸性物質を含む霧や粒子などが，地表や地表近くに降下（沈着）することによっても起こる．

霧粒は雨滴より小さく，密度が高く，落下速度が小さいことから，酸性度は雨より強く，pHが3以下の事例もある．酸性度の高い霧は酸性霧と呼ばれる．

森林内で観測される林内雨は，幹を伝って落ちてくる樹幹流と樹冠の枝葉から滴下する樹冠雨に分けられる．酸性雨原因物質が樹冠部に沈着している場合，林内雨は林外雨より酸性が強くなる．

a. 河川・湖沼の酸性化

北欧や北米北東部では1950年代から一部の河川や湖沼で酸性化が進行し，魚がいなくなるなど水生生物に被害が現れた．湖沼が酸性化すると，土壌中の有害金属が溶出する．アルミニウムイオンは，土壌水中のpHが5以下で溶出し，魚のえらに付着して呼吸機能を阻害する．また，水中のりん酸はプランク

トンの栄養分であるが,溶出したアルミニウムイオンと結合して不溶解化し,水中から奪われてしまう(貧栄養化).その結果,プランクトンを餌とする魚も減少する.

日本の河川や湖沼では,酸性化の傾向は明らかには見られない.これは水に炭酸水素イオンが多く含まれているため,負荷された酸を中和し,pHが低下しないことによる.日本の陸水は欧米の陸水に比べてこのような緩衝能が高く,酸性化されにくい状態にある.

b. 森林衰退

工業先進国である欧米では,1960～1970年代頃から,ドイツ南部のシュヴァルツヴァルト(黒い森)のカラマツ,カナダ・ケベック州のカエデ,米国ニューヨーク州アディロンダック国立公園のトウヒなどの森林で,樹木の衰退が顕著に見られ,酸性雨との関連が注目された.衰退した樹木には,葉の黄色化と樹冠部の透けが見られ,進行すると成長低下や枯死に至る.

人工酸性雨による植生への暴露実験からは,植生の衰退と酸性雨の関係は明確ではなく,森林の衰退は,酸性雨のみにより発生するのではなく,オゾンなど,他の大気汚染物質とともに複合的に作用していると考えられている.

c. 土壌の酸性化

土壌の酸性化は森林衰退,河川・湖沼の酸性化と関連している.雨などで地表面に沈着した水素イオンは,土壌粘土の表面に付着しているカルシウム,マグネシウム,カリウム,ナトリウム,アンモニウムなどの塩基のイオンと交換する.このため,植物の栄養源である塩基は土壌水によって流失し,減少する.さらに,水素イオンの負荷は粘土を破壊し,粘土の一部が溶解してアルミニウムイオンが生じる.土壌中に肥料として存在するりん酸塩はアルミニウムイオンと結合し不溶解性となり,役目を果たさなくなる.植物の根では,カルシウムイオンとアルミニウムイオンが交換し,カルシウム欠乏となる.欧米の森林衰退地域の多くは,カルシウムイオンやマグネシウムイオンが少ないポドソル土壌で,酸との交換容量が小さく,酸に対する緩衝能が低い.日本では黒ボク土など比較的緩衝能が高い土壌が多い.

(2) 酸性雨原因物質の発生

酸性雨の原因となる物質は主として硫黄酸化物と窒素酸化物である.海から

は硫黄化合物として植物プランクトンが作る硫化ジメチル（DMS）が発生するが，大部分は海域に沈着するため，寄与は少ない．

　硫黄酸化物の主な発生源は，化石燃料を燃焼する施設と火山である．日本における人為起源の排出量は2002年で年間約80〜90万tである．中国では年間2000万t以上の二酸化硫黄が排出されており，産業の発達とともに2030年には3000万t近くに達すると予想されている．日本の火山からの発生量は通常は年間100〜150万tであるが，2000年に三宅島が噴火したときには，1日に5万t近くが放出された．

　窒素酸化物の発生源には，工場など燃焼を行う施設である固定源と自動車などの移動源とがある．今世紀初めには，日本からは年間約200万t，中国から年間約1100万tが排出されている．

(3) **酸性物質の輸送，沈着過程**

　大気中に放出された酸性物質は，風により輸送されながら拡散による希釈や化学反応による変質を経て，場合によっては霧水や雨水に取り込まれ，あるいは，風などによって地表面近くに輸送されて沈着する．図19-1は酸性物質の発生から沈着に至る過程を示す．自然起源と人為起源の二酸化硫黄と窒素酸化物は，光化学反応で生じた過酸化水素やオゾンなどにより酸化され，ガス状の硫酸と硝酸になる．二酸化硫黄が硫酸になるには5〜6日以上，窒素酸化物

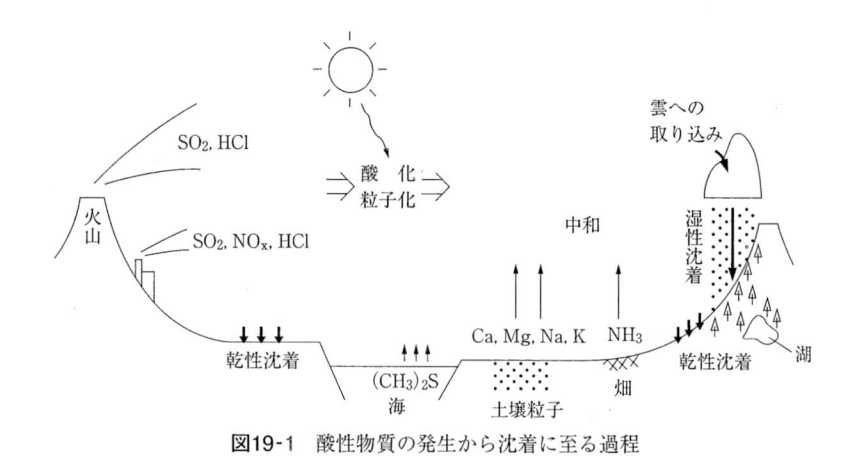

図19-1　酸性物質の発生から沈着に至る過程

が硝酸になるには1～数日かかる．硫酸は大気中の水蒸気を吸収し粒子化（2次粒子）する．硫酸や硝酸の一部は，土壌粒子に含まれるカルシウムイオンやアンモニアと結合し硫酸塩や硝酸塩となる．これらの水溶性の塩からなる粒子は雲粒の凝結核（雲核）となり，水蒸気が十分であれば雨滴や霧へと，乾燥した状態であれば乾性粒子へと成長する．汚染物質が凝結核として雲粒や霧粒に取り込まれることをレインアウト（雲内除去）という．この汚染物質は雲水や霧水の蒸発により大気中に戻ったり，雨に成長して地表面に沈着したりする．また，雨滴は落下する過程で大気中の二酸化硫黄や2次粒子を捕捉して大気中から除去する．これをウォッシュアウト（雲下除去）と呼ぶ．雨滴や霧粒による地表面への除去を湿性沈着，降水が無い状態での除去を乾性沈着という．

　酸性物質は，大気中を発生源から数百～1000 km以上の長距離にわたって移動することがある．このため，酸性物質の影響を解析する場合，数千km程度，日本を中心に考えればロシア極東地域，中国，朝鮮半島を含む範囲を対象とする．この範囲は新聞などで見る天気図の大きさに相当し，総観規模（シノプティックスケール）と呼ばれる．総観規模では，高低気圧や前線など，天気図に表されているような気象現象が酸性物質の輸送経路や沈着する範囲に影響を及ぼす重要な要素である．

　上に述べたような酸性物質の発生から沈着に至る過程を数値シミュレーションによって解析するために，流跡線解析や長距離輸送モデルが用いられる．このようなモデルは，汚染地域に対する発生源地域の推定や，汚染への寄与，対策効果の評価にも用いられる．

(4) 対　策

　酸性物質は，国境を越えて大気中を移動し，離れた地域の環境にも影響を及ぼす（越境大気汚染）．酸性雨対策の基本は原因物質の排出量削減について国際的に協調することである．技術的課題については第8章に，国際協調は第18章に述べてある．ここでは対策の基本となる監視体制について紹介する．

　欧州や北米では酸性雨による環境影響が顕著に出現したため，早くからその調査，解析，対策に取り組んでいる．欧州では，1972年に「大気汚染物質長距離移動計測共同計画（LRTAP）」が発足し，越境大気汚染の実態が明らかになった．1979年に国連欧州経済委員会（ECE）により「長距離越境大気汚染

条約」が35カ国で締結され,共通の観測手法によるモニタリングを「欧州モニタリング評価計画(EMEP)」として31カ国の約100地点で実施している.これらの成果を踏まえて1985年に硫黄酸化物の排出削減を定めたヘルシンキ議定書を締結した.窒素酸化物については1988年にソフィア議定書を締結している.北米大陸では東海岸のアメリカ・カナダの国境地帯で酸性雨の被害が顕著であった.両国は1980年に「越境大気汚染に関する合意覚書」を取り交わし,酸性雨の観測網を充実させた.アメリカは10年計画の国家プロジェクトとして1985年から「酸性降水評価計画(NAPAP)」が発足した.そして,アメリカとカナダは2国間条約を締結し,アメリカではその国内対策として1990年に大気清浄法(clean air act)を改訂して,硫黄酸化物対策を強化した.

日本においても1970年代から政府,地方自治体,研究機関などによって長期的な調査監視が行われている.また,1998年には東アジアの近隣諸国政府と連携し,広域的な酸性雨の監視ネットワークが組織されて,日本,中国,韓国など参加10ヵ国による東アジア酸性雨モニタリング・ネットワーク(EANET)が稼働している[2].

19.2 オゾン層の破壊

(1) オゾン層破壊

大気中のオゾン濃度の鉛直分布は図4-1に示すように高度20～30 km付近で最大になり,オゾン層を形成する.このオゾンの生成・消滅が成層圏を形成していることは第4章で述べた.オゾン層の存在が確認されたのは1940年代のロケット観測である.波長260 nm付近の紫外線は生物のDNAに吸収され,変質を促進する作用がある.オゾン濃度の減少は有害紫外線の地上への到達量を増加させ,皮膚ガンや角膜炎,白内障などの人体影響,海面付近の動植物プランクトンの死滅,農作物の成長障害を起こす心配がある.

人間活動がオゾン層に及ぼす影響は,成層圏下部を飛行する超音速旅客機(SST)の開発に伴い研究された.SSTからの排気による成層圏オゾンへの影響が懸念され,1972年に気候影響評価計画(CIAP)が発足し,オゾンとの化

学反応が検討された．オゾンを分解する物質として調査対象となった物質には水蒸気や窒素酸化物の他，塩素などのハロゲン類も含まれていた．

　初めて，オゾンの減少が確認されたのは南極においてであった．1957年の地球観測年より南極でオゾンや二酸化炭素の測定が始まった．1982年に日本の越冬隊がオゾンの減少を発見したのは偶然で，予想外の観測値を検討して1984年に発表した．他国の観測隊はこれを追認し，その原因がフロン類との反応であることを突き止めた．アメリカ連邦航空宇宙局（NASA）は人工衛星による測定値を再解析し，南極周辺のオゾンの濃度分布に穴があいたような低濃度領域の存在を確認し，これをオゾンホールと名付けた．

　オゾン量の減少は南極ほど顕著ではないが，北半球でも見られるようになった．日本では気象庁が，札幌，つくば，鹿児島，那覇でオゾン全量とB領域紫外線（UV-B，波長域280～315 nm）を観測し，データを公表している．那覇以外の地点でオゾン全量に長期的減少傾向が見られる．オゾンが減少するとUV-Bの量が増大する関係は観測から確認されている．1990年以降のUV-B量は1970年代に比べて最大約8％増大していると推測されている[3]．

(2) **オゾン層破壊とフロン**

　フロンは冷蔵庫の冷媒として1929年にGM（General Motors. Co.）により開発され，1931年にデュポン社が製品化し，その優れた性能により爆発的に普及した．その他，多くのフロン類の化合物が合成され，広い分野で使用された．フロンは日本での俗称で，正式にはクロロフルオロカーボン（CFCs）といい，炭化水素に塩素やフッ素などハロゲン類が化合した物質である．フロン類には成層圏のオゾンを破壊する能力（ODP）と温室効果（GWP）があり，これらをまとめて表19-1に示す．

　フロンは対流圏内では分解されにくく，フロンが分解されるのは成層圏であることは予想されたが，この化学反応機構は1974年に米国のローランドとモリナが解明した．それが実証されたのが南極における成層圏オゾンの観測である．成層圏では，紫外線によりフロンは分解され塩素原子が放出される．この塩素原子はオゾンと反応し一酸化塩素と酸素分子になる．一酸化塩素は酸素原子と反応し，塩素原子と酸素分子になる．このサイクルは塩素原子がオゾン層を抜け出すまで続き，オゾンは分解され続ける．

表19-1 フロン類の性質

名称	化学式	ODP*	GWP**	全廃年 先進国	全廃年 途上国	主な用途
特定フロン				1996	2010	
CFC-11	$CFCl_3$	1	5×10^3			発泡剤, 噴射剤, 冷媒
CFC-12	CF_2Cl_2	1	10^4			冷媒, 発泡剤, 噴射剤
CFC-113	$CF_2ClCFCl_2$	0.8	10^4			洗浄剤
CFC-114	CF_2ClCF_2Cl	1	9×10^3			発泡剤
CFC-115	CF_3CF_2Cl	0.6	6×10^3			冷媒
ハロン				1994	2010	消火剤
ハロン-1211	CF_2BrCl	3	2×10^3			
ハロン-1301	CF_3Br	10	3×10^3			
ハロン-2402	$C_2F_4Br_2$	6				
特定フロン以外のCFC				1996	2010	
四塩化炭素	CCl_4	1.1	2×10^3	1996	***	溶剤
メチルクロロホルム	CH_3CCl_3	0.1	3×10^3	1996	2015	溶剤
HCFC				2020	2030	
HCFC-22	CHF_2Cl	0.04	3×10^3			冷媒
HCFC-123	CF_3CHCl_2	0.02-0.06	3×10^2			発泡剤
HBFC		0.7	10^3	1996	1996	
臭化メチル	CH_3Br	0.6	10	2005	2015	農薬
HFC						
HFC-134a	CF_3CH_2F	0	3×10^2	****	****	噴射剤, 冷媒

* ODP:単位重量あたりのオゾンの破壊能力(Ozone Depletion Potential)フロン-11を1とした相対値(モントリオール議定書から抜粋)
** GWP:単位重量あたりの温室効果能力(Global Warming Potential)二酸化炭素を1とした相対値の概数(IPCCの資料[4]から作成)
*** 1989年実績の50%まで削減
**** 京都議定書による削減対象

(3) オゾン層保護対策

　オゾン層の破壊を防止するために,1985年にオゾン層保護のためのウィーン条約,1987年にオゾン層を破壊する物質に関するモントリオール議定書が採択された.その後5回にわたり規制の強化が図られた.日本ではフロン類の製造を1988年のオゾン層保護法により規制し,消費量,生産量ともに削減されつつあり,2001年にはフロン回収・破壊法が制定された.
　フロンの大気中への排出量を減らす方法として,代替,回収,破壊がある.代替は,大気中で壊れやすくオゾン層への影響の小さな代替フロン(HCFC, HFC)を使用したり,冷媒には炭化水素,アンモニア,二酸化炭素,洗浄にはアルコール,発泡剤として水,スプレー剤に二酸化炭素,窒素,炭化水素を使うことである.HCFCの寿命は数年から数十年で,オゾン破壊能力(ODP)

も小さいが0ではないので，2020年には全廃することになっている．回収は冷媒用フロンや洗浄廃液が対象で，これらを精製して再利用することが義務化された．一般的な回収方法はフロンを含む排ガスを低温で活性炭に吸着させ加熱離脱して回収する吸着・離脱法である．破壊は焼却炉で熱分解したり，プラズマで分解する方法である．

19.3 温暖化と気候変動

(1) 都市の温暖化

　気象庁の気象情報統計の「ヒートアイランド監視報告」[5]によれば，日本で都市化の影響の少ない17地点での年平均地上気温は1898年の統計開始以来，長期的には100年当り1.0℃上昇している．とくに1990年代初め以降，高温であった年が多い．都市部の気温の上昇率はこれよりも大きく，東京では1901年から100年当り年平均気温で3.0℃上昇している．人工衛星による測定では，都市部で地表面温度が高く，郊外では一様に低くなっている．このように都市域が熱の島のように見えることからヒートアイランド現象と呼ばれている．

　これはエネルギーの消費が都市に集中し，増大することによる気温の上昇である．さらに都市化による気象条件の変化がある．都市域ではビルによる天空率（見上げた空の広さの割合）が小さく空へ逃げる赤外線量が小さいこと，ビルとビルの間で日射が乱反射して吸収率が大きくなること，温まりやすく熱を伝えやすいアスファルトやコンクリートが大量にあり熱を蓄えること，植物が少なく蒸発散による冷却が少ないこと，ビルにより風が遮られ冷却効果が少ないことなどが原因である．都市部は温かく，周辺部で冷たいことから，周辺から都市に弱い風が吹き込む．都市を上空から遠望すると持ち上げられた煙霧があたかもドームのように覆っていることが多い．このような現象をダストドームと呼んでいる．

(2) 地球の温暖化

　1988年の春から夏にかけてアメリカ中西部では50年ぶりの干ばつとなった．大豆，トウモロコシ，小麦などの農作物に多大な被害が生じた．この干ばつは

北米大陸に居座った高気圧により起こった．この状態が3ヶ月も続いた原因については，ラニーニャ現象や地球温暖化が取りざたされた．ラニーニャ現象とは，東部太平洋赤道域の海面水温が低くなる状態である．逆に，この海域の水温が高くなる現象はエルニーニョと呼ばれ，インドネシア諸島は干ばつになり，大規模な森林火災が頻発する．1988年のアメリカの干ばつの原因は明らかではないが，これを契機として地球温暖化問題に対する関心が高まった．

地球規模での気候変動（温暖化や寒冷化）は，それ以前から気象学者の間では問題になっていた．この問題を国家間で正式に討議するために世界気象機関（WMO）と国連環境計画（UNEP）は1988年に気候変動に関する政府間パネル（intergovernmental panel for climate change, IPCC）を設立した．IPCCでは，気候変動の科学的な評価，気候変動による環境，社会，経済への影響評価，気候変動による影響の緩和策，適応策の策定について作業部会で議論している．その成果は各国の政策に反映されるように公表されている．

2001年のIPCCの調査報告[4]によると，地球の平均地上気温は図19-2に示すように，観測が始まった1861年以降上昇している．20世紀中の気温の上昇率は100年間当り0.6 ± 0.2℃であった．1861年以降では1990年代は最も暖かい10年間であり，1998年は最も暖かい年であった．また，過去の気温を推定した資料から，20世紀の気温の上昇は，過去1000年のどの世紀よりも大

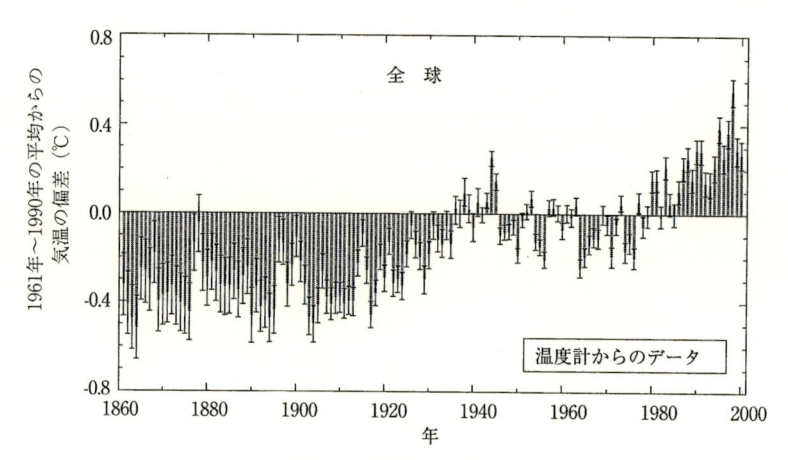

図19-2 気温の偏差の経年変化[5]
(出所：気象庁によるIPCC報告書和訳版より)

きい可能性が高いといわれている．

(3) 温暖化の原理

　地球の気温は，太陽から入射する波長の短い放射エネルギーと地球から宇宙空間へ放出される波長の長い赤外の放射エネルギーとのバランスにより決まる．地球に大気が無ければ，太陽から受けたエネルギーはそのまま宇宙空間に放出され，地球の表面温度は-18℃になる．しかし，地球には可視光線を吸収しないが，赤外線を吸収する温室効果ガスを含む大気が存在する．そのため，地球の平均気温は15℃になっている．温室効果ガスが増加すると吸収される熱エネルギーが増え，地球の気温が高くなる．

　IPCCがまとめた地球表面と大気との間のエネルギー収支を図19-3に示す．地球のエネルギー収支には温室効果ガスの他，エーロゾルや地表面反射率なども関与している．エーロゾルが気候変動に与える影響は，構成物質によって異なり，温暖化の促進にも抑制にも働くと考えられているが，現在は不明な点が多く，精力的な調査研究が行われている．

(4) 温室効果ガス

　温室効果ガスは二酸化炭素，メタン，一酸化二窒素，オゾン，フロンなどであ

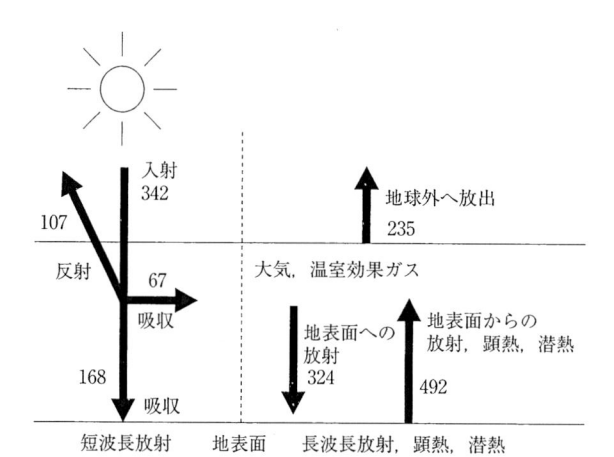

図19-3　地球表面と大気の間のエネルギー収支
（出所：IPCCの資料より作成，図中の数値の単位はWm^{-2}）

る．これらのガスの特徴を表19-2に示す．二酸化炭素以外の物質は濃度が低くても温暖化能力が高く，気温上昇に対して半分近い寄与を占める．

キーリングは1957年にハワイ島マウナロア山で二酸化炭素の連続測定を開始した．その結果を図19-4に示す[6]．この図には，南極と岩手県三陸町綾里での測定結果も示してある．二酸化炭素濃度は夏に低く，冬に高く，植物による光合成の季節変化と対応している．さらに二酸化炭素濃度は1750年以降31％増加している．この増加速度は過去2万年間で例のない速さである．二酸化炭素の増加は，人為的な排出によるもので，その約3/4は化石燃料の燃焼，残りの大部分は土地利用の変化，とくに森林減少が原因である．排出された二酸化炭素の約半分は海洋と陸域で吸収され，残りが大気に留まる．二酸化炭素

表19-2　温室効果ガスの特性

温室効果ガス	温暖化への寄与	GWP	寿命	主な起源
CO_2	約60％	1	(50～150年)	化石燃料，森林破壊，火山
メタン	約20％	約40	約10年	農業（水田），家畜，自動車の排ガス，天然ガスのパイプラインからの漏洩，湿地
一酸化二窒素（N_2O）	約5％	約300	約110年	肥料，燃焼，微生物
フロン類	約15％	約100～10000	約10～100年	人為起源

IPCCの資料より作成
GWP：単位重量あたりの温室効果能力（Global Warming Potential）
　　　二酸化炭素を1.0とした相対値の概数
CO_2の寿命は放出量の変化に対応するために要する時間

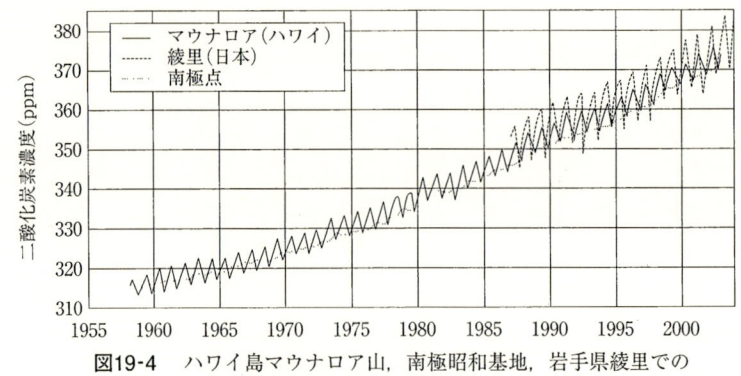

図19-4　ハワイ島マウナロア山，南極昭和基地，岩手県綾里での二酸化炭素濃度の連続測定結果[6]
（出所：気象庁発行　気候変動監視レポート2004（2005）より）

の収支は炭素循環と呼ばれている.

　化石燃料の燃焼により排出される二酸化炭素の量は，全世界で66億t/年（2002年，炭素換算，以下同じ），一人当たりでは1.1t/年になる．最大の排出国はアメリカで16億t/年である．日本からは全体で3.2億t/年，一人当たり2.6t/年の排出がある．

(5) 気候変動

　大気中の温室効果ガスの増加による気温の上昇や，温暖化による気候，気象への影響を予測するために大循環モデル（general circulation model, GCM）が用いられている．GCMには気候変動に関係する大気，陸域，海洋でのさまざまな現象のモデルが組み込まれている．なお，大気のみではなく，海洋の大循環も組み込んだGCMは大気・海洋結合モデル（大気・海洋GCM）と呼ばれている．

　二酸化炭素の増加は今後のエネルギー源や効率改善，環境保護などの政策を考慮したシナリオにより異なるが，IPCCが予想する一連のシナリオに従うと，2100年には大気中の二酸化炭素濃度は540～970 ppmの範囲，気温は1990年から2100年までの間に1.4～5.8℃の範囲で上昇すると予測されている．この気温の上昇率は過去1万年の間で最も大きい可能性が高い．GCMによる予測では陸域での気温の上昇が大きく，北半球の高緯度の寒候期に顕著である．

　気温の上昇に伴う2次的な影響として海面上昇がある．潮位計データによれば20世紀には，水温の上昇による海水の膨張，氷河や氷床の溶解などにより地球の平均海面水位は10～20 cm上昇した．IPCCの予測では1990年から2100年までに9～88 cm上昇するとされている．

　このような氷河の溶解は山麓の村落に対する洪水のリスクも高めている．ヒマラヤ氷河の例を図19-5に示す．

　気候変動の影響を最も深刻に受けるのは，対策をとる経済的余裕のない途上国である．温暖化による経済的影響と食糧問題は地域によりプラス・マイナス両面あるが，一般に途上国では損失が大きい．途上国が経済危機に陥り，アジアで食糧生産量が減少すれば，先進国や日本にも波及する．生態系への影響は，IPCC[4]によると，動植物の群落の縮小，生息域の極方向や山頂方向への移動といった形で既に現れている．温暖化に伴う異常気象により，野生生物の熱

図19-5 温暖化によって氷河が溶け，水位が上昇して，決壊することが危惧されているヒマラヤの氷河湖（2004年11月撮影，前田高之氏提供）

ストレスの増加，森林火災の増加，珊瑚礁，マングローブなどの沿岸生態系の被害増加などが予想されている．また，熱波による健康被害，集中豪雨による洪水後の衛生状態の悪化，蚊が媒介するマラリアやデング熱の感染地域の拡大などが心配されている．わが国でも，今後100年間に気温が4〜5℃上昇し，さまざまな分野で影響が現れると予測されている．

参 考 文 献

1) 環境省編：平成16年版環境白書 (2004)
2) 東アジア酸性雨モニタリングネットワーク http：//www.eanet.cc/jpn/
3) 気象庁：オゾン層・紫外線に関する情報
   http：//www.data.kishou.go.jp/obs-env/hp/3-30uvb_observe.html
4) IPCC：Climate Change 2001：Synthesis Report（IPCC 第三次評価報告書），Cambridge University Press (2001)

5）気象庁：ヒートアイランド監視報告（平成16年夏季・関東地方）
　　http：//www.data.kishou.go.jp/climate/cpdinfo/himr/2004/index2.html
6）気象庁：気候変動監視レポート2004（2005）

第20章

エネルギー問題と地球環境

　環境基本法に謳われているように，現在の環境問題には事業者，国・地方公共団体だけでなく，国民にも責務がある．私たち一人ひとりの環境問題に対する取り組み，心構えや誇りが必要な時代にきている．学生に「将来，環境問題の解決に貢献するために，自分の専門をどのように活用できるか」について問うと，真剣な答えが返ってくる．化学を専攻する人は，化学物質が環境汚染の原因となるケースが多いことに忸怩たる思いを抱き，環境に悪い副生成物を伴わないゼロエミッション型，循環型の製品開発に努めたいと決意を表す．同様に機械部品の長寿命化を訴える．太陽や風などの自然の力を利用し，水循環，緑化を進めることを建物設計のコンセプトとし，省エネルギーを目指す人もいる．コンピュータに携わる人は，最適制御された物流システムの構築により，エネルギーの有効利用と大気汚染物質の排出削減をはかりたいと考える．また，製品のライフサイクルやリスクのアセスメントにシミュレーション技術が適用できないかと知恵を絞る．既存エネルギーのクリーンな利用方法や新しいエネルギー源の発見に夢がふくらむ人もいる．低燃費車，クリーンエネルギー車の開発には多くの人が興味を示す．環境教育や政策立案の職につきたいと考える人，マスコミの分野に進出したり，情報技術を駆使したりして，環境の啓発活動を行いたいと考える人もいる．他にも，人工知能技術を環境問題に活かす道を探るなど，各人が積極的な姿勢を見せる．これらがいつの日か実現すれば，エネルギーと環境問題の解決に大いに貢献する．

20.1 将来のエネルギーと環境問題

現在,世界の人口は60億人を超し,2050年には90億～100億人に達すると予想されている.人口問題は環境問題の根源であることは18.1節に示した.単純に考えれば,人口が1.5倍になれば資源,食糧なども1.5倍必要になり,廃棄物は1.5倍になる.しかし,生活向上分を考えれば事態はもっと深刻である.表20-1は人口の伸びと経済,エネルギー消費,環境負荷の規模を示している.2025年までの人口増加の大半は途上国(非OECD諸国)で起こる.表には,先進国,途上国とも生活向上分を考えない現状ケースと先進国は生活向上分を考えないが,途上国の生活は先進国に追いつくという先進国なみケースについて,国内総生産(GDP),エネルギー消費量,CO_2排出量の伸びが概算されている.実際は,現状ケースと先進国なみケースの中間になると予想されるため,2025年に約80億の人口を支えるのに必要な経済規模や環境負荷は,現在の3倍程度と推察される.しかし,石油,天然ガスの枯渇,既に5.5億の人が被っているといわれる水不足と水欠乏,一人当たりの穀物生産量や海洋漁獲量の頭打ちなど,現実はそのような経済発展を望むことに対して悲観的である.

表20-1 人口の伸びと経済,エネルギー消費,環境負荷の規模

	項 目		先進国	途上国
2002年*	人口(100万人)		1,144	5,024
	国内総生産(1995年価格10億米ドル)		28,401	6,995
	エネルギーの一次消費量(石油換算100万t)		5,346	3,946
	二酸化炭素排出量(炭素換算100万t)		3,479	3,103
2025年	人口(100万人)*		1,241	6,610
	国内総生産	現 状	1.1	
	(2002年比)	先進国なみ	5.5	
	エネルギーの一次消費量	現 状	1.2	
	(2002年比)	先進国なみ	3.9	
	二酸化炭素排出量	現 状	1.2	
	(2002年比)	先進国なみ	3.6	

*印のデータの出所:エネルギー・経済統計要覧2005(日本エネルギー経済研究所編,2005)「現状」は先進国,途上国ともに一人当たりの各量が2002年と変化なし,「先進国なみ」は一人当たりの各量が先進国は2002年と変化なし,途上国は2002年の先進国と同じ.

20.2 エネルギーの効率的利用

表20-2は，わが国のエネルギー消費量と大気汚染物質の排出量をドイツ，アメリカ，中国と比較している．わが国の国内総生産当たりのエネルギー消費量，大気汚染物質排出量は低いことがわかる．つまり，わが国は効率がよく，環境負荷の小さい生産活動を行っているといえる．しかし，硫黄酸化物，窒素酸化物，二酸化炭素の順に，わが国と他の国の差が縮小している．これは，窒素酸化物の場合，わが国でも自動車の発生源対策が十分でないこと，世界的に大規模な二酸化炭素の回収技術が開発されていないことが原因である．

CO_2 排出の削減のためには，エネルギーをさらに効率的に利用することが大切である．その一つの策が，最高の省エネルギー性能をもつ機器に水準をあわせるトップランナー方式である．家電製品や自動車などをトップランナー方式にすることにより，今後10年間でわが国の CO_2 の排出を3〜4％抑制する効果が期待できる．省エネルギービルの建設も効果が大きい．自然エネルギーの利用や夜間電力利用の蓄熱式空調システムを採用することにより，従来のビルに比べ，エネルギー消費を20％削減できる[1]．大気中の熱を汲み上げ，自然冷

表20-2 エネルギー消費量と大気汚染物質の排出量

項 目	日 本	ドイツ	アメリカ	中 国
人口（100万人）*	127	83	288	1,280
面積（万km^2）	37.8	35.7	962.9	959.8
国内総生産（1995年価格10億米ドル）*	5,725	2,708	9,196	1,209
エネルギー消費量（石油換算100万t）*	517	346	2,290	1,011
SO_2排出量（1,000 t）	857**	608**	13,669**	20,390***
NO_2排出量（1,000 t）	2,018**	1,479**	19,849**	11,350***
CO_2排出量*（炭素換算100万 t）	324	232	1,572	953
国内総生産100万ドルあたりの				
エネルギー消費量（石油換算 t）	90.3 (1)	127.8 (1.4)	249.0 (2.8)	836.2 (9.3)
SO_2排出量（t）	0.15 (1)	0.22 (1.5)	1.49 (9.9)	16.87(112.5)
NO_2排出量（t）	0.35 (1)	0.55 (1.6)	2.16 (6.2)	9.39 (26.8)
CO_2排出量（炭素換算t）	56.6 (1)	85.7 (1.5)	170.9 (3.0)	788.3 (13.9)

*：2002年のデータ，エネルギー・経済統計要覧2005（日本エネルギー経済研究所編，2005）
**：2002年のデータ，気候変動に関する国際連合枠組条約 UNFCCC web database
（http://ghg.unfccc.int/）
***：アイオワ大公表の2000年のデータ，東アジア地域における環境問題，技術移転に関する調査研究報告書（日本機械工業連合会・国際環境技術移転研究センター，2004）
国内総生産100万ドル当たりの括弧内数値は，日本を1としたときの相対値．

媒（CO_2）を電気の力で圧縮，加熱し，熱交換により水をお湯にするヒートポンプ給湯器は，年間平均の COP（coefficient of performance, 成績係数＝取り出す熱エネルギー／投入する電気エネルギー）で3以上を達成している．この給湯器は，従来の燃焼式給湯器と比べて約30％の省エネルギー効果がある[2]．

冷房温度の28度，暖房温度の20度設定やシャワーの節水，家族団らんによる暖房，照明の削減など，一つひとつの努力はせいぜい0.1％オーダーの CO_2 排出抑制効果しかない．しかし，地球温暖化防止に特効薬がない現状では，私たちの省エネルギーに対する地道な取り組みが重要である．

20.3　二酸化炭素の排出を抑えるエネルギー関連技術

(1) 原子力発電

わが国では，原子力発電所は1966年に運転を開始し，2004年現在，16発電所で52基が稼働している．発電設備容量は，約4600万 kW，全電源の約20％を占める．原子力発電所は，ほぼ一定の出力で運転され，ベース供給力としての役割を担うため，実際に発電した量は全発電量の約1/3に達する．

原子力発電は，発電に伴って，酸性雨の原因となる二酸化硫黄や二酸化窒素，温暖化の原因となる二酸化炭素を排出しない．図20-1は電源別のラ

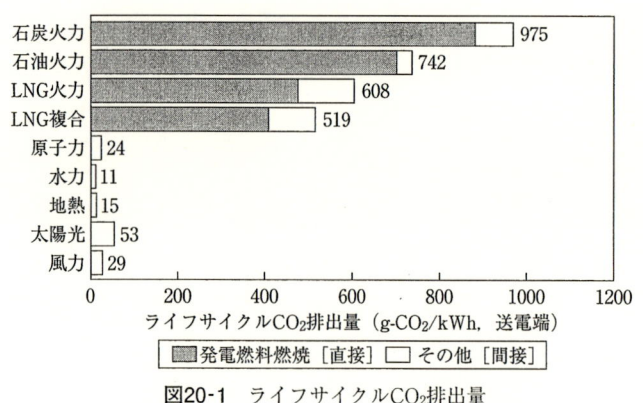

図20-1　ライフサイクルCO_2排出量
（出所：電中研レビュー45, 電力中央研究所, 2001）

イフサイクル CO_2 の排出量である．核燃料濃縮や建設など発電以外の過程で CO_2 が排出されるが，それらは太陽光や風力より小さい．原子力発電により，日本全体の CO_2 の排出は約 20 % 抑制されている[3]．また，燃料となるウランが中東など政情不安定な地域に偏って産出する石油ほど国際情勢の影響を受けない．使用済み燃料を再処理し，ウランやプルトニウムを新たなエネルギー源として取り出すことによって，原子燃料サイクルが確立すれば，準国産エネルギーとしての役割をはたすといった長所がある．

1986 年に旧ソ連（現在のウクライナ共和国）で起こったチェルノブイリ原子力発電所の事故，1999 年に東海村で起こったウラン加工工場の臨界事故などによって，原子力を取り巻く社会の環境は厳しい．また，電力自由化の中で，初期投資費用が大きく，放射性廃棄物の処分をかかえる原子力の競争力について議論が始まった．しかし，原子力発電所は発電実績や温暖化防止，エネルギー安全保障の面から必要不可欠であり，安全性を一層高めて，安心感のもてる施設として推進することが望まれる．

(2) コ・ジェネレーション

コ・ジェネレーション（コジェネ）は電気と熱を同時に供給するシステムで，エネルギー利用効率は 70～80 % と高い．そのため，電気と熱を別々に得る従来のシステムに比べて，CO_2 の排出が 30 % 程度減少する．コジェネは重油，都市ガス，灯油，軽油，LPG を燃料にして発電を行い，その際に発生する排ガス（熱）で温水，蒸気を作る．温水と蒸気は給湯や暖房に利用されたり，吸収式冷凍機（気化熱を利用して冷やす装置，気化した冷媒を回収するために吸収液を使い，吸収液と冷媒を分離するために加熱が必要）を経て冷房に利用されたりする．

わが国のコジェネ設備は，民生用，約 3500 件，約 150 万 kW，産業用，約 1800 件，約 550 万 kW（2003 年）の導入実績がある[4]．コジェネ設備はホテル，ショッピングセンター，事務所ビルなどのように都市部に導入され，排気筒がビルの屋上に設置され拡散条件がよくない場合が多いので，大気汚染の問題に注意を払う必要がある．また，電気と熱をバランスよく使わないと高いエネルギー利用効率が得られず，延床面積 12 万 m^2 の店舗で年間平均総合効率 46 % という報告[5]がある．

(3) 自然エネルギー

太陽光発電，風力発電，太陽熱利用などは再生可能な自然エネルギーである．自然エネルギーにバイオマス（森林廃棄物，畜産廃棄物など生物起源のエネルギー），廃棄物発電，燃料電池，天然ガスコジェネ，クリーンエネルギー自動車などを加えて新エネルギーと呼ぶ．なお，水力発電や地熱発電は自然エネルギーであるが，既に技術的，経済的に実用化しているため，新エネルギーには分類されない．

太陽光発電は，半導体を利用して太陽の光エネルギーを電気に変換する太陽電池と太陽電池で発生した直流の電気を交流に変換するインバーターや蓄電池からなるシステムである．風力発電は，風車で発電機を回して電気を起こすシステムである．これらのエネルギーは枯渇せず，発電時に CO_2 を排出しない．わが国の設備導入の実績は，太陽光が86.0万kW，風力が67.8万kW（2003年度）である．実際的な潜在量は，太陽光発電が4200～8600万kW，風力発電は360～720万kWといわれている[4]．なお，太陽光発電の導入量は日本が世界一である．風力発電設備の導入量はドイツが世界一で1600万kW（2004年）を超える．

太陽光発電や風力発電のコストはかなり下がってきたが，図20-2に示すように原子力発電や火力発電に比べるとまだまだ高い．しかし，国が設置費用の一部を助成する制度，電力会社による余剰電力の購入制度，私たちが自然エネ

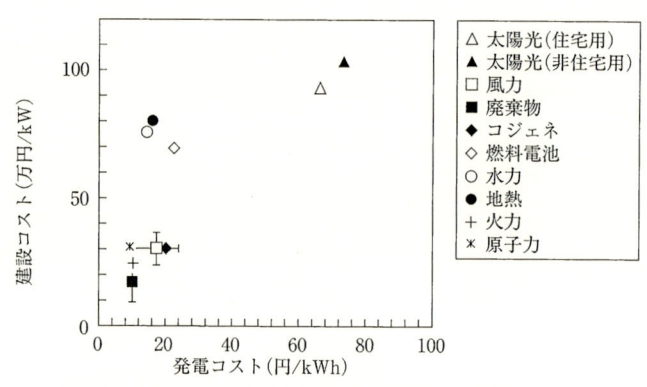

図20-2 新エネルギーと既存電源のコストの比較
（新エネルギーのデータの出所：新エネルギーガイドブック，新エネルギー・産業技術総合開発機構編）

ルギー普及のために行う寄付（グリーン電力基金）などにより，設備導入の伸びは著しいものがある．また，電気事業者が一定量以上の新エネルギー等を利用することを義務付けた RPS 法（renewables portfolio standard，2003 年施行）も追い風になるだろう．問題点は，エネルギー密度が低いこと，天気に左右され稼働率が低いこと，出力変動が大きく電力系統への影響（周波数変動による電気の品質問題）が心配されることなどである．

(4) 石炭ガス化複合発電

従来型の火力発電所では，石油や石炭などを燃やした熱で蒸気を作り，蒸気タービンの翼を回転させて発電する．これを汽力発電と呼ぶ．石炭火力発電の熱効率（本書では特記しない限り高位発熱量，7.1 節参照，発電電力量ベース）を 1 % 向上させると，50 万 kW 級の発電所で年間 6〜7 万 t の CO_2 の排出を抑制できる．発電熱効率を上げるには，蒸気を高温，高圧にすればよい．現在，316 気圧，600 ℃ で発電熱効率が 41〜42 % まで達したが，このあたりが汽力発電の効率としての限界である．一層の効率アップをはかるために，液化天然ガス（LNG）を高温燃焼させてガスタービンで発電し，さらにその排熱を利用して蒸気タービンで発電する LNG 複合発電が実用している．燃焼器出口温度が 1300 ℃ 級の LNG 複合発電は発電熱効率 50 % を達成した．2007 年度に運転開始予定の東京電力の 1450 ℃ 級火力発電所では，世界最高水準の発電熱効率 53 % が期待されている[6]．

LNG 複合発電の問題は，天然ガスの可採年数（確認埋蔵量をその年の生産量で除した値）が 62 年とそれほど長くない点である．そこで，可採年数が 230 年の石炭をガス化して，複合発電に利用する方法が開発されている．これは石炭ガス化複合発電（integrated coal gasification combined cycle，IGCC）と呼ばれる．図 20-3 に IGCC の構成を示す．石炭をガス化して得られる可燃性成分は一酸化炭素，水素などである．2007 年度の運転開始を目標に 25 万 kW，1200 ℃ 級，発電熱効率 46 % の実証プラントが建設されている．将来的には，1500 ℃ 級，発電熱効率 53 % の IGCC，発電熱効率 55 % 以上の石炭ガス化燃料電池複合発電技術の開発が目標とされる．

図20-3 石炭ガス化複合発電システム
① COS変換器（COS→H_2S），化学吸収法（H_2S）
② 湿式石灰石こう法，③ 脱硝装置（アンモニア接触還元法）

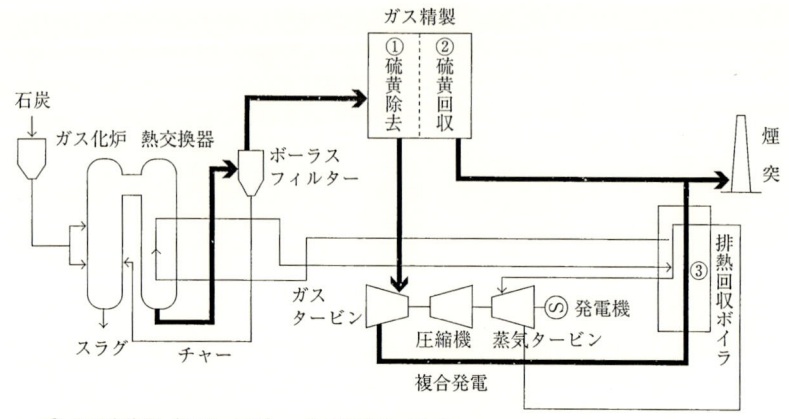

(5) 燃料電池

　燃料電池は水素と酸素から水の電気分解と逆の原理で電気を作る発電装置である．熱エネルギーを経ることなく，化学エネルギーが直接，電気エネルギーに変換されるため，高い発電効率（40～60 %）が得られるという特長をもつ．燃料電池は，電解質の種類により，反応温度の低い順に，固体高分子型（polymer electrolyte fuel cell，PEFC），リン酸電解質型（phosphoric acid FC，PAFC），溶融炭酸塩型（molten carbonate FC，MCFC），固体電解質型（solid oxide FC，SOFC）に分けられる[7,8]．

　PEFC は陽子交換膜型燃料電池（proton exchange membrane FC，PEMFC）とも呼ばれる．PEFC は常温から起動でき，小型化，高効率が期待できるので自動車や家庭用コジェネに適している．トヨタ自動車が 2002 年に販売を開始した燃料電池ハイブリッド乗用車は出力 90 kW の PEFC を用いている．家庭向け 1 kW 級コジェネ用 PEFC は発電効率 31 % 以上，熱効率 40 % 以上（ともに HHV，7.1 節参照）という仕様で，2005 年に商品登場した[9]．PAFC は 200 ℃ 付近で運転され，200 kW 級のオンサイト電源（ビルなど）が商用化されている．MCFC，SOFC はそれぞれ作動温度が 600～700 ℃，900～1100 ℃ と高く，排ガスが高温，高圧のため複合発電が可能となる．MCFC は 1000 kW 級，SOFC は 25 kW 級の発電試験が行われた．

現在のところ，燃料電池に必要な水素は，天然ガスやメタノールなどを水蒸気と反応させて改質したり，石炭をガス化したりして得るのが一般的である．燃料電池は高効率であるが，改質時やガス化時には CO_2 が排出される．理想的には，水素の製造に太陽光発電や風力発電など自然エネルギーを利用すると，CO_2 を全く排出しないシステムになる．しかし，大量の水素を輸送，貯蔵する技術や製造地，供給地のインフラストラクチャの整備，コストなど検討すべき点が多い．

(6) 二酸化炭素の回収・処分技術

CO_2 を排ガスから分離，回収する技術には，化学吸収法，物理吸着法，膜分離法，深冷分離法などがある．化学吸収法は図20-4に示すように，温度によって CO_2 と化合したり分離したりする吸収液の性質を利用するものである．排ガス中の CO_2 は，吸収塔でアミン系の液に吸収され，再生塔で加熱されることによって分離，回収される．CO_2 を放出したアミン系の液は循環利用される．物理吸着法は，加圧下でゼオライトなどの吸着材に二酸化炭素を吸着させ，減圧下で脱着，分離，回収する方法である．膜分離法は，高分子膜を利用して CO_2 だけを透過，分離，回収する方法，深冷分離法は排ガスを圧縮液化し，蒸留により他の成分を分離した液化 CO_2 を回収する方法である．

化石燃料燃焼排ガスの CO_2 回収に実績があるのは化学吸収法である．20年以上前から幾つかのプラントで実用され，CO_2 の回収規模は 160〜1100 t/日 である[10]．なお，100万kWの石炭火力発電所では約2万t/日の CO_2 を回収

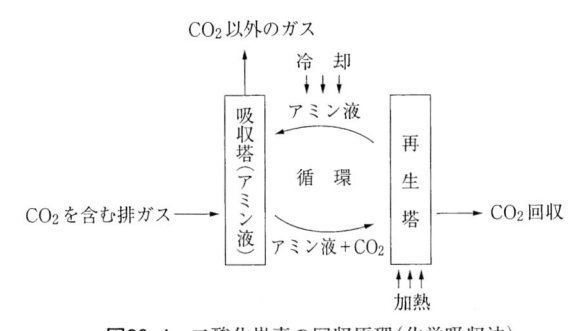

図20-4　二酸化炭素の回収原理（化学吸収法）

する必要がある．化学吸収法の問題点は，回収に大量のエネルギーが必要なことである．物理吸着法の問題点として，大容量化や充填材の技術的課題の解決が上げられる．膜分離法や深冷分離法はまだまだ研究段階の技術である．

回収したCO_2の大気中からの隔離場所には海洋と地中がある．海洋隔離には，浅海へ気体CO_2を放出し溶解させる，1500～2000 mの中深層に液体CO_2を放出し溶解させる，3000 mより深い海底に液体CO_2をハイドレート化（シャーベット状に）して貯留する技術がある[11]．海洋隔離については，まず生態系への影響評価が重要であり，今のところ実証，実用レベルのプロジェクトは実施されていない．地中貯留には二酸化炭素を，石油増進回収のために油田へ注入する，枯渇油ガス田へ注入する，不採算炭層へ吸着させる，地中帯水層へ圧入する技術がある．年間100万t規模の二酸化炭素処分の商業ベースを含むさまざまな地中貯留プロジェクトが世界中で実施されている．日本では2003年に，新潟県長岡市のガス田で地中処分の実験が始まった．大量処分時の安全性やコストなどについて検討すべき課題がある．また，2003年にはアメリカ主導で，CO_2の隔離・固定化のための国際憲章が発効した．

生物的固定技術として，CO_2を含む排ガスをクロレラなどの微細藻類に吸収させ，家畜飼料を生産するというアイデアがある．しかし，60万kW級のLNG火力に適用した場合，排出総量の10％を固定するだけでも2000 haという面積が必要という難点がある[10]．

20.4　環境問題への取り組み姿勢

日本の景気が低迷し，経済的信頼度が落ちて久しい．しかし，幸いなことに環境対策技術は世界をリードしている．例えば，火力発電所からの二酸化硫黄，窒素酸化物の排出原単位（発電電力量当たりの汚染物質の排出量）は，日本は欧米諸国の優等生であるドイツと比べても，それぞれ1/6，1/2.3である[12]．わが国は環境対策技術でエネルギーと地球環境の問題に貢献していくことができる．

環境面のリーダーシップをとる上で，京都議定書を離脱したアメリカの姿勢は反面教師となる．アメリカは，京都議定書が途上国に温室効果ガス削減の義

務がなく，自国の経済に不利益をもたらすとして，国際的な約束を反故にした．政治，経済，科学，技術，軍事などあらゆる面で群を抜いて世界一の力をもつアメリカが，国益という名のもとで環境面のリーダーシップを放棄したことは，大国のエゴと非難される．これまで恩恵を受けた国，余裕のある国が率先して環境対策に取り組まなければ，途上国を説得し，世界をまとめることはできない．

環境問題への取り組みの推進力は得と徳である．環境対策の提案には，資金援助が得られる，無駄な経費を払わなくてよい，新しい技術が得られる，信用がついて商売がうまくいくなど，利益を具体的に示すことが大切である．また，地域・組織で核となる人が手本を示すこと，つまり指導者の徳が影響力をもつ．

乙武洋匡は「五体不満足」（講談社）で「障害は不便である．しかし不幸ではない．」というヘレン・ケラーの言葉を引用している．21世紀の私たちには，不便であっても，不幸でない生き方が望まれる．

参 考 文 献

1) 関西電力：地球環境アクションレポート2001，p.31（2001）
2) 電力中央研究所：エコ・ヒートポンプの開発—CO_2冷媒を用いた高効率の給湯用ヒートポンプ実現—，電中研ニュース333（2000）
3) 電気事業連合会：電気事業の地球温暖化対策2003-2004（2003）
4) 日本エネルギー経済研究所計量分析ユニット編：エネルギー・経済統計要覧2005，（財）省エネルギーセンター（2005）
5) 東京電力：電気のエコロジーメリット（2004）
6) 東京電力：地球と人とエネルギー—TEPCO環境行動レポート2004，p.32（2004）
7) 太田健一郎：燃料電池開発とPEFC，PEM・燃料電池入門（平田賢監修），環境新聞社（1999）
8) 大塚馨象：燃料電池発電技術の現状と展望，日本原子力学会誌，42，p.868〜877（2000）
9) 東京ガス：なるほど！燃料電池，http://www.tokyo-gas.co.jp/pefc/index.html（2005）
10) 電力中央研究所：地球温暖化の解明と抑制，電中研レビューNO.45，p.53〜81（2001）
11) 地球環境産業技術研究機構：CO_2海洋隔離・地中貯留技術—その可能性とロードマップ，p.04〜05，RITE NOW 41（2001）
12) 電気事業連合会：環境とエネルギー2004-2005，p.11（2004）

索　引

あ　行

アカウンタビリティ　149
アジェンダ21　173
アスベスト　23, 33
アセスメント　125
アメニティー　122
アルファルファ　36
アンモニア選択接触還元法　70

硫黄酸化物　15, 52
硫黄分　48, 66
1時間値　12
一酸化炭素　16
一酸化二窒素　22, 183
一般環境大気測定局　14

ウィーン条約　180
上からの指令規制方式　118
ウォッシュアウト　177
受取補償額　135

液化石油ガス　48
液化天然ガス　48
エコアクション21　146
エコステージ　146
エコデザイン　153
エコ・ビジネス　143
エコマーク　159
エコマテリアル　155
エミッション・ファクター　76
エルニーニョ　182
エーロゾル　17, 23

汚染者負担の原則　133
オゾン　18
オゾン層　24, 178
オゾンホール　179
温位　93
温室効果ガス　22, 183

か　行

外因性内分泌攪乱化学物質　41
外部不経済　132
海洋隔離　198
化学吸収法　197
化学量論的混合気　74
拡大生産者責任　116, 149
化石燃料　15
仮想市場評価法　134
ガソリンエンジン　73
家電リサイクル法　160
乾き燃焼ガス　50
環境　1
環境アセスメント　125
環境影響評価　125
環境影響評価法　113
環境会計　149
環境外交　167
環境格付け　142
環境基準　11
環境基本計画　113
環境施設帯　75
環境省　122
環境税　133
環境配慮設計　153

202　索　引

環境パフォーマンス　145
環境ビジネス　143
環境保全経費　122
環境ホルモン　41
環境マーケティング　146
環境マネジメントシステム　144
緩衝能　175
乾燥断熱減率　92

気管支喘息　32
気候変動枠組条約　169
気道系疾病　32
逆転層　92, 97
吸光光度法　83
凝結核　177
京都メカニズム　169

クリーン開発メカニズム　170
グリーン購入　148
グリーン・コンシューマー　141
クロロシス　35
クロロフルオロカーボン　179

ケッペン　28
原子力発電　54, 192

高位発熱量　51
公害　3
鉱害事件　8
公害対策基本法　111
公害防止管理者　144
光化学オキシダント　18
工程・製造方法問題　138
工程内処理　61
国連環境開発会議　166
国連人間環境会議　166, 169
コジェネ　193
コ・ジェネレーション　193
コースの定理　133
国家環境政策法　112

コモンレール　80
コンケイウ式　102
混合層　96
コンジョイント分析法　134

さ　行

サイクロン　63
最大炭酸ガス量　51
サービサイジング　156
差分吸収型ライダ　86
3R　116
3元触媒　79
酸性雨　174
酸性霧　174
残留性有機汚染物質　42, 169

時間希釈　105
閾値　31
ジクロロメタン　18
自然エネルギー　194
湿式石灰石こう法　66
自動車NOx法　78
自動車NOx・PM法　78
自動車排出ガス　119
自動車排出ガス測定局　14
自動車リサイクル法　161
支払い意思額　135, 147
指標生物　36
社会的責任投資　142
社会的な受容　40
シャーシーダイナモ試験　76
シュヴァルツヴァルト　175
終末処理　61
循環型社会　115
循環型社会形成推進基本法　115
女性　164
人口増加　165, 190
森林消失　164

水素化脱硫　65

索　引

スクリーニング　128
スコーピング　128
スーパーファンド法　133
スモッグ　6
スラム化　165

成層圏　24
成長の限界　3
製鉄所　54
生物多様性　167
生物的固定技術　198
石炭ガス化複合発電　195
接地境界層　25
接地層　95
ゼロ・エミッション　148
洗浄集じん装置　64

走行モード　76
総量規制　120

た　行

ダイオキシン　43, 58
ダイオキシン類　18
代替フロン　180
大気安定度　93
大気拡散式　103
大気環境モニタリング・システム　87
大気境界層　25
大循環モデル　185
対数法則　95
太陽光発電　194
対流圏　25
ダウンウォッシュ　97
ダウンドラフト　97
多国間環境協定　138
脱硝　69
脱硫　66
炭素税　136

地球サミット　166

窒素酸化物　16, 52
地熱発電所　54
中立　93
長距離越境大気汚染条約　169

低位発熱量　51
ディーゼルエンジン　74
ディーゼル排気微粒子除去フィルター　81
ディーゼル排気粒子　74
低 NO_x バーナ　69
テイラーの拡散理論　96, 104
テトラクロロエチレン　18
デノボ合成　58
電気自動車　81
電気集じん器　65
電子ビーム照射　68
天然ガス　47
電離層　24

特定物質　119
特定有害物質使用制限指令　158
ドップラー音波レーダ　98
トップランナー方式　191
ドブソン分光計　86
トリクロロエチレン　18
トレーサ実験　98

な　行

内燃機関　73
内部境界層　98

二酸化硫黄　15
二酸化炭素　183
二酸化窒素　16
2次粒子　23
二段燃焼法　68
尿素　58, 70

ネクロシス　35
燃焼排ガス　49

燃焼方程式　49
燃料電池　196

は　行

ばい煙　119
排煙脱硫　66
バイオマス　194
排ガス　50
排ガス混合法　69
排ガス再循環　79
排出係数　76
排出末端基準　117
ばいじん　52
ハイブリッド車　82
バグフィルター　64
ハザード　39
パスキル　94
パスキルチャート　104
ハードレー循環　25
パフモデル　106
バルディーズ原則　142

ピグー税　133
ヒートアイランド現象　181
貧困　163

風洞実験　100
風力発電　194
副生ガス　55
物理吸着法　197
浮遊粒子状物質　16
フュミゲーション　97
フライアッシュ　59
プライス-アンダーソン法　134
ブリグス式　102
ブリュワ・ドブソン循環　27
プルームモデル　104
フロン　179
粉じん　119

べき法則　95
ヘドニック価格法　134
ヘルシンキ議定書　178
ベンゼン　18

ボイラ　52
貿易風　27
包括的環境対処・補償・責任法　133
放射性逆転　92
ボサンケⅠ式　102
ボトムアッシュ　59
ポリ塩化ジベンゾ-パラ-ジオキシン
　　18, 43

ま　行

慢性気管支炎　32

ミスト　17
緑の消費者　141
水俣病　111

無毒性量　41

メタン　22, 183

モントリオール議定書　180

や　行

有害大気汚染物質　18
有効煙突高　102

溶液導電率法　83
予混合圧縮着火燃焼方式　81
四日市喘息　33
4R　116
4大公害裁判　8, 111

ら　行

ライダ　86
ライフサイクルアセスメント　154

索　引　　　　　　　　　205

ラブキャナル事件　143
ラムサール条約　112

リスク　39
リチャードソン数　93
リモートセンシング　86
硫化ジメチル　176
旅行費用法　134
理論空気量　50

レインアウト　177

EPR　149
EU　158
レスポンシブル・ケア　44

ローハス　142
ろ過集じん装置　64
ロンドンのスモッグ事件　6

わ　行

ワシントン条約　112

B

BWR　54

C

CDM　170
CDQ 発電　55
CFCs　179
CO_2　22
COP (Coefficient of Performance)　192
COP (Conference of the Parties)　167
COP3　169
CSR　142
CVM　134

D

DDT　143
DEP　75
DfE　153
DMS　176
DPF　81

E

EGR　79
EP　65

F

Fuel NOx　52

G

GCM　185
GWP　179

H

HCCI　81
HHV　51

I

IGCC　195
IPCC　182, 185
ISC3　107
ISO 14001　144

J

JI　170

K

K 値規制　120
K 理論の式　107

索引

L

LCA 154
LES 107
LHV 51
LIMS 86
LNG 48, 56
LNG 複合発電 195
LOHAS 142
LPG 48, 56, 57

M

MEA 138
METI-LIS 108
MODIS 86
MOP 168
MSDS 45
MTBE 57

N

NAPAP 178
NOAEL 41

O

ODP 179

P

PA 40
PAN 18
PCB 42
PDCA 145
pH 174
POPs 42, 169

PPM 138
PPP 133
PRTR 45
PSS 156
PWR 54

R

REACH 158
RoHS 規制 158
RPS 法 195

S

SOF 75
SRI 142

T

TBT 協定 138
Thermal NOx 52
TOMS 86
TOPADS 108
TRI 45
TRT 55

U

UNEP 182

W

WEEE 158
WHO 30
WMO 182
WTA 135
WTP 135, 147

〈編著者略歴〉

岡本　眞一（おか もと しん いち）

 1971 年 早稲田大学理工学部工業経営学科卒業
 1977 年 早稲田大学大学院理工学研究科機械工学専攻（工業経営分野）博士
    課程修了
 現　在 東京情報大学総合情報学部環境情報学科，教授，工学博士

市川　陽一（いち かわ よう いち）

 1975 年 京都大学工学部衛生工学科卒業
 1977 年 京都大学大学院工学研究科衛生工学専攻修士課程修了
 現　在 （財）電力中央研究所環境科学研究所，工学博士

〈著者略歴〉

長沢　伸也（なが さわ しん や）

 1978 年 早稲田大学理工学部工業経営学科卒業
 1980 年 早稲田大学大学院理工学研究科機械工学専攻（工業経営分野）修士
    課程修了
 現　在 早稲田大学大学院商学研究科ビジネス専攻，教授，工学博士

林　正康（はやし まさ やす）

 1964 年 東京都立大学理学部物理学科卒業
 1966 年 東京都立大学大学院理学研究科修士課程修了
    元東京情報大学総合情報学部環境情報学科，教授

前田　高尚（まえ だ たか ひさ）

 1989 年 北海道大学工学部衛生工学科卒業
 1991 年 北海道大学大学院工学研究科衛生工学専攻修士課程修了
 現　在 独立行政法人産業技術総合研究所環境管理技術研究部門地球環境評
    価研究グループ，博士（総合情報学）

環境学概論（第 2 版）

1996 年 3 月 5 日 初　版第 1 刷
2001 年 2 月 28 日 初　版第 5 刷
2005 年 9 月 30 日 第 2 版第 1 刷
2007 年 4 月 16 日 第 2 版第 2 刷

     編著者 岡本眞一
        市川陽一
     発行者 飯塚尚彦
     発行所 産業図書株式会社
       〒102-0072　東京都千代田区飯田橋 2-11-3
       電話　03(3261)7821(代)
       FAX　03(3239)2178
       http : / /www.san-to.co.jp
     装　幀 菅　雅彦

© Shin'ichi Okamoto
 Yoichi Ichikawa 2005

印刷・製本　デジタルパブリッシングサービス

ISBN 978-4-7828-2611-9 C3040